약선으로 본
우리 전통음식의
영양과 조리

약선으로 본
우리 전통음식의
영양과 조리

김상보

수학사

머 리 말

한국음식의 조리방법에는 음식으로 건강을 유지하고자 하는 선조들의 지혜가 바탕을 이루고 있음을 일찍부터 생각하고 있었습니다. 그동안 도서출판 수학사에서 발행된 『조선왕조 궁중음식』(2004), 『조선왕조 궁중떡』(2006), 『조선왕조 궁중과자와 음료』(2006)를 통하여 궁중음식이 갖는 약선적 효능을 독자에게 알리고자, 각각의 찬품이 갖는 효능과 그 재료의 구성이 어떻게 유기적으로 연계되어 조리가 이루어졌는가를 밝히고자 하였습니다.

약선(藥膳)이란 음식을 체질에 맞게 조리하여 먹는 것이라고 볼 수 있습니다. 그런데 마치 한약재를 식자재에 넣어 조리하여 먹는 것이 약선으로 잘못 인식되어져 오리찜에 황기를 넣기도 하고, 술에 각종 한약재를 넣는가 하면, 된장에 한약재를 넣는 등의 일이 대중화되었고, 이는 외식산업에도 적용되어 국민의 건강을 위협하게 되었습니다.

이러한 와중에 경주에 소재한 수리뫼의 대표이사로 있는 박미숙 원장으로부터 약선 강의를 요청받아 일종의 사명감을 갖고 2011년 1월부터 12월까지 1년이라는 긴 시간 동안 수리뫼에서 강좌를 열었습니다. 본 책은 이때의 내용을 엮은 것입니다.

박미숙　사)한국전통음식체험교육원 수리뫼 대표이사

이덕영　Fine food solution 대표이사

최정은 대전보건대학교 전통조리과 겸임교수
김은경 대동대학교 호텔외식조리과 겸임교수
최주영 동천유치원 영양사
장순옥 경주대학교 강사
김계영 울산 생활과학고등학교 산업체우수강사
남영아 다원식품 대표
이성혜 사)한국전통음식체험교육원 연구원

    강의를 마친 12월 말에 위의 아홉 분과 함께 앞으로의 전통음식 발전에 한층 더 기여하고자 하는 모임을 갖게 되었습니다. 이 자리에서 가능한 한 빨리 약선 교재를 출간하여 전통음식 발전을 위해 경상북도 지역에서부터 솔선수범하여 계속 정진할 것을 다짐하였던 것입니다.

    본 책은 엄밀하게 말하면 우리 전통음식의 조리방법을 기술한 것이라고 볼 수 있습니다. 다만 우리 선조들은 음식을 배불리 먹는 것으로 그치지 않고 식치(食治)의 입장에서 조리하고자 하였으므로 굳이 제목을 정한다면 「우리 전통음식의 영양과 조리」가 적절한 표현이 될 것입니다. 그러나 독자의 보다 쉬운 이해를 위해 한발 더 나아간다면 「약선으로 본 우리 전통음식의 영양과 조리」가 되지 않을까 합니다. 앞으로 이 책을 통하여 한국 전통음식의 형성 배경과 조리방법을 이해하는 데 조금이나마 도움이 되길 희망합니다.

    그동안 출판을 위해 도와주신 수학사의 이영호 사장님께 깊은 감사를 드립니다. 또한 교정을 보느라 고생한 사랑하는 제자 손희영 선생, 그리고 한 자 한 자 정성껏 워드 작업을 해준 사랑하는 동생 김상근에게 깊은 감사를 드립니다.

2012년 12월 대전 연구실에서

김상보 배상

차 례

제 4 장
『식료찬요』를 통해서 본 찬품조리

제 5 장
식단의 실제

제 1 장
음양오행사상

1. 개요

태초에는 천지가 분화되지 않은 혼돈의 상태였다. 이 혼돈 속에서 광명으로 충만한 가벼운 기인 양기(陽氣)가 우선 위로 올라가 「하늘[天]」이 되고, 무겁고 혼탁한 기인 음기(陰氣)가 아래로 내려가 「땅[地]」이 되었다. 그러므로 하늘과 땅은 서로 완전히 반대되는 본질을 가지지만, 원래 한몸이었던 하나의 기(氣)에서 나온 것이기 때문에 그 뿌리는 같고[天地同根], 서로 왕래하며[天地往來], 서로 끌어당겨 섞이게 된다[天地交合].

비가 땅 위에 내리는 것으로 예를 들면, 하늘에서 땅 위로 떨어진 비는 땅속으로 침투하지만, 태양열에 의하여 뜨거워져서 증발하여 하늘로 올라가 구름이 되고, 이것은 다시 비가 되어 땅 위로 내린다. 비를 포함한 만물은 하늘과 땅 사이에 일어나는 왕래와 교합에 의하여 쉴 새 없이 생기는 현상이다. 이로서 인간에게 생기는 모든 일의 반복과 변천[流轉輪廻]이 가능하게 된다.

2. 역과 음양사상

중국 고대의 제왕(帝王)인 복희[1]는 하늘과 땅의 이치를 관찰하여 하늘[天]·연못[澤]·불[火]·우레[雷]·바람[風]·물[水]·산[山]·땅[地]에 관한 팔괘(八卦)를 그렸다. 그는 양을 ━━의 기호로 음을 ― ―의 기호로 분류하고, 음과 양 이전의 세계인 혼돈의 세계를 ○의 기호로 나타내었다. 태극(○)에서 나온 양기(━━)와 음기(― ―)는 그 자체만으로는 만물을 생성시키는 힘이 없지만 양기와 음기가 합쳐져 교합될 때 만물이 비로소 생겨난다는 것이다. 양과 음의 교합에 의하여 우주 만물은 한순간도 활동을 중단하지 않고 무수히 변화하여 만물의 탄생을 반복한다. 그 변화에는 일정한 질서가 있어서 그 질서를 결코 벗어날 수 없다.

---

1) 복희(伏羲) : 복희씨(伏羲氏)라고도 함. 삼황오제(三皇五帝)의 한 사람. 팔괘(八卦)를 처음으로 만들고 그물을 발명하여 고기잡이 방법을 가르쳤다 함.

그래서 복희는 역(易)은 육의(六義)로 이루어진다고 했다. 육의란 변(變, 변할 '변')·불변(不變)·간(簡, 쉬울 '간')이라는 규칙과 상(象, 형상 '상')·수(數, 이치 '수')·이(理, 다스릴 '이')라는 우주원리를 인식하기 위한 방법이다. 우주를 삼라만상(森羅萬象)으로 표현하듯이 무수한 자연현상으로 채워져 있다. 이들 대자연의 현상(現象, 象)에는 하늘과 땅, 더위와 추위, 쓴맛과 짠맛, 심장과 신장, 남자와 여자, 위[上]와 아래[下] 등 상대적 원리가 내재되어 있다.

그러나 상대적이면서도 그들은 합하여[合德] 새로운 생명이 탄생한다. 이것이 수(數), 즉 이치이다. 역이란 상을 수로 환원하여 우주에서의 통일적인 다스림[理]을 구한다.

그런데 합덕하여 탄생하며 살아가는 통일적 이치는 복잡한 것 같지만 지극히 간단하고 쉬운 이치이다. 봄·여름·가을·겨울로 순환해 가는 사계의 추이는 변하지 않는 규칙이지만[不變], 동시에 매년 돌아오는 봄은 같은 봄이 아니고 여름도 같은 여름이 아니며 그 내용은 변화한다[變]. 인간도 자신은 불변이지만 유년 → 소년 → 장년 → 노년 → 죽음으로 변화해 간다. 이 이치는 지극히 간단한 이치라는 것이다[簡].

○이라는 태극(太極)에서 하나의 양(陽)과 하나의 음(陰)이 탄생하고, 양의 방향에는 2개의 태양(太陽)과 소음(少陰)이 생성되며, 음의 방향에는 2개의 소양(少陽)과 태음(太陰)이 발생한다. 이 4개의 음양이 생기는 방향에 하나의 양과 하나의 음을 첨가하면 3획의 괘

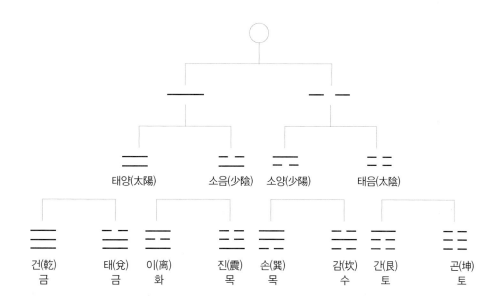

그림 1-1 ● 복희가 만들었다고 하는 팔괘도

(卦)로서 8개가 생긴다. 이것을 팔괘(八卦) 혹은 소성괘(小成卦)라 한다. 팔괘에 이르러 비로소 상(象)이 생긴다.

팔괘에서 첫 번째 등장하는 괘인 건(乾)은 하늘[天]의 상이고, 남자[男]·아버지[父]·강인함[剛] 등을 나타낸다. 오행으로 말하면 금(金)이다.

두 번째 등장하는 괘인 태(兌)는 연못[澤]의 상이고, 막내딸[少女]·기쁨·윤택[潤] 등을 나타낸다. 오행으로 말하면 역시 금에 속한다.

세 번째 등장하는 괘인 이(离)는 불[火]의 상이고, 가운데 딸[中女]·밝음 등을 나타낸다. 오행으로 말하면 화(火)이다.

네 번째 등장하는 괘인 진(震)은 우레[雷]의 상이고, 장남(長男) 등을 나타낸다. 오행으로 말하면 목(木)이다.

다섯 번째 등장하는 괘인 손(巽)은 바람[風]의 상이고, 장녀(長女)·공기 등을 나타낸다. 오행으로 말하면 목(木)이다.

여섯 번째 등장하는 괘인 감(坎)은 물[水]의 상이고, 가운데 아들[中男]·함몰 등을 나타낸다. 오행으로 말하면 수(水)이다.

일곱 번째 등장하는 괘인 간(艮)은 산(山)의 상이고, 막내아들[少男]·머무름 등을 나타낸다. 오행으로 말하면 토(土)이다.

여덟 번째 등장하는 괘인 곤(坤)은 땅[地]의 상이고, 어머니[母]·부드러움[柔]·조용함[靜] 등을 나타낸다. 오행으로 말하면 토이다.

팔괘 속에 등장하는 목(우레·바람)·화(불)·토(산·땅)·금(하늘·연못)·수(물)는 음과 양 2기로부터 생긴 5기(五氣)이다.

3. 십간(十干)

5기를 10간[天道]의 관점에서 음과 양으로 나누어 보자. 목기(木氣)는 양을 갑(甲) 음을 을(乙), 화기(火氣)는 양을 병(丙) 음을 정(丁), 토기(土氣)는 양을 무(戊) 음을 기(己), 금기(金氣)는 양을 경(庚) 음을 신(辛), 수기(水氣)는 양을 임(壬) 음을 계(癸)로 분류하였다. 이들이 10

간(十干)인데 하늘의 도를 나타낸다고 하여 천간(天干)이라고도 한다.

표 1-1 ● 10간(十干)인 천간(天干)

갑(甲)	을(乙)	병(丙)	정(丁)	무(戊)	기(己)	경(庚)	신(辛)	임(壬)	계(癸)
양	음	양	음	양	음	양	음	양	음
목기		화기		토기		금기		수기	

표 1-2 ● 복희 팔괘가 뜻하는 형상들

팔괘	☰	☱	☲	☳	☴	☵	☶	☷
수리	一	二	三	四	五	六	七	八
괘의 이름	건(乾)	태(兌)	이(離)	진(震)	손(巽)	감(坎)	간(艮)	곤(坤)
괘상	천(天)	택(澤)	화(火)	뢰(雷)	풍(風)	수(水)	산(山)	지(地)
성정	건(健)	열(說)	려(麗)	동(動)	입(入)	함(陷)	지(止)	순(順)
가족	부(父)	소녀(少女)	중녀(中女)	장남(長男)	장녀(長女)	중남(中男)	소남(少男)	모(母)
신체	수(首)	구(口)	목(目)	족(足)	고(股)	이(耳)	수(手)	복(腹)
동물	마(馬)	양(羊)	치(雉)	용(龍)	계(鷄)	시(豕)	구(狗)	우(牛)

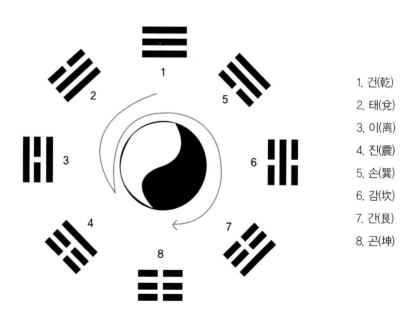

1. 건(乾)
2. 태(兌)
3. 이(離)
4. 진(震)
5. 손(巽)
6. 감(坎)
7. 간(艮)
8. 곤(坤)

그림 1-2 ● 복희가 만들었다고 하는 팔괘원도(八卦圓圖)
천도의 법칙에 따라 양(陽, 左陽)을 먼저 만들고 음(陰, 右陰)을 만듦.

4. 하도(河圖)

그런데 음과 양 2기로부터 목·화·토·금·수의 5기가 생겨날 때 제일 처음에 생긴 것이 임(壬)이다. 다음 임에서 생긴 것이 정(丁)이다. 임과 정의 작용에 의하여 만들어진 것이 갑(甲)이며, 다시 이어서 신(辛)이 생기고 이어서 무(戊)가 형성되었다. 그래서 임(壬)을 1, 정(丁)을 2, 갑(甲)을 3, 신(辛)을 4, 무(戊)를 5로 하였다.

고여 있는 큰 물[壬]이 증발하여 빗물로 떨어지는 것이 계(癸)이며 6이다. 작은 불[丁]이 활활 타올라 큰 불인 병(丙)이 되며 7이다. 커다란 나무[甲]는 태양[丙]과 빗물[癸]을 받고 자라 줄기[乙]가 나오고 8이다. 줄기에서는 다시 잎이 나오고 꽃이 피며 열매[庚]를 맺으니 9이다. 결국 전부는 흙[己]으로 돌아가니 10이다. 그래서 1·2·3·4·5를 선천수(先天數)라 하고 6·7·8·9·10을 후천수(後天數)라 한다.

표 1–3 ● 10간과 선천수·후천수

(○는 양을 나타냄)

선천수	10간	오행		후천수	10간	오행
①	임 壬	수 水	만물의 시작	6	계 癸	수 水
2	정 丁	화 火	壬에서 丁이 나옴	⑦	병 丙	화 火
③	갑 甲	목 木	壬丁이 작용하여 甲	8	을 乙	목 木
4	신 辛	금 金	壬丁甲이 작용하여 辛	⑨	경 庚	금 金
⑤	무 戊	토 土	壬丁甲辛이 작용하여 戊	10	기 己	토 土

태고적 복희(伏羲) 시절에 황하(黃河)로부터 용마(龍馬)가 출현하였는데, 그 등에 1부터 10까지의 문(紋)인 하도(河圖)가 있었다. 하도란 결국 선천수와 후천수의 작용 원리를 나타낸 것이다(그림 1–3). 이를 근거로 〈그림 1–4〉와 같은 동쪽 방향에 목(봄), 남쪽 방향에 화(여름), 서쪽 방향에 금(가을), 북쪽 방향에 수(겨울), 중앙에 토(토기)가 정해졌고, 이를 천도의 운행이라고도 한다.

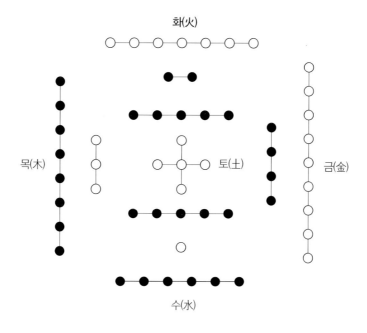

그림 1-3 ● 하도(河圖)

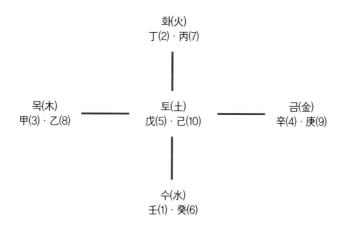

그림 1-4 ● 10간과 하도

5. 하도와 오행상생

목(木)·화(火)·토(土)·금(金)·수(水)인 5원소의 윤회작용이 「오행」이다. 오행(五行)의 5는 목·화·토·금·수의 5원소 혹은 5기(氣)를 가리키고 행은 움직이는 것 순환하는 것의 작용을 의미한다. 5원소의 작용·순환이 오행이다. 하루의 아침·점심·저녁· 밤, 일 년의 봄·여름·가을·겨울의 변화도 모두 오행이다.

목·화·토·금·수가 형성되는 하도의 원리는 오행이 상생(相生)하는 원리이다. 목은 화를 만들고, 화는 토를 만든다. 토는 금을 만들고, 금은 수를 만들며, 수는 목을 만들고, 계속하여 목은 화를 만들어 윤회 상생한다. 나무는 물에서 자라고, 나무와 나무끼리 부딪치면 불이 만들어지며, 불은 꺼져서 재가 되어 흙을 이룬다. 흙에서 나오는 나무가 열매를 맺으니 금이고, 열매 속에는 물이 있다.

「목생화(木生火)」

「화생토(火生土)」

「토생금(土生金)」

「금생수(金生水)」

「수생목(水生木)」

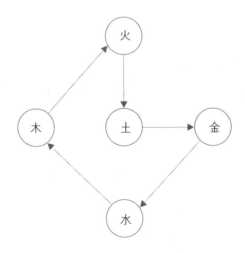

水生木 → 木生火 → 火生土 → 土生金 → 金生水

그림 1-5 ● 오행상생도

이 단순한 상생 원리는 봄[木]이 가면 여름[火]이 오고, 여름이 가면 가을[金]이 온다. 그리고 가을이 가면 겨울[水]이 오는 것과 같은 법칙이다. 즉 상생이란 하늘의 법칙[天道]이다. 목·화·토·금·수의 순서로 5원소가 차례차례로 상대를 만들어 가는 것이 상생인데, 상생 속에서도 극살(剋殺)이 있다. 목(木)은 화(火)를 만들지만 소멸해 버리고, 화는 토기(土氣)인 재[灰]를 만들지만 연소해 버린다.

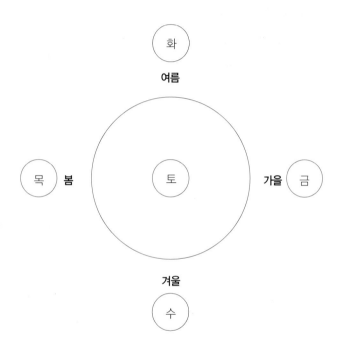

그림 1-6 ● 천도에 의한 계절과 오행상생

6. 낙서(落書)

복희씨(伏羲氏) 때에 황하(黃河)로부터 출연한 용마(龍馬)의 등에 나타난 문(紋)이 하도라면, 우왕(禹王) 때에 낙수(洛水)에서 나타난 거북의 등에 나타난 숫자가 낙서(洛書)이다.

〈그림 1-4〉를 통하여 갑(甲) 3, 을(乙) 8, 병(丙) 7, 정(丁) 2, 무(戊) 5, 기(己) 10, 경(庚) 9, 신(辛) 4, 임(壬) 1, 계(癸) 6이 하도에 어떻게 적용되었는가를 기술하였다. 이를 기반으로 하여 〈그림 1-7〉은 하도의 수(數)와 낙서의 수를 대비해 알아볼 수 있도록 하였다. 낙서란 하도의 화(火)와 금(金)이 바뀐 수이다. 그래서 낙서에 나타난 이 바뀐 수를 금화교역(金火交易)이라고 한다.

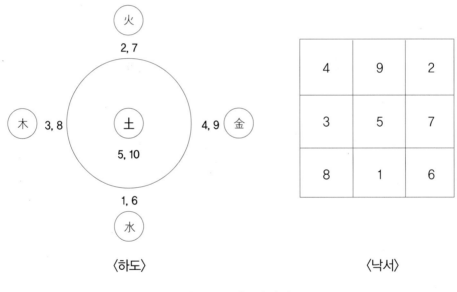

〈하도〉　　　　　　　　〈낙서〉

그림 1-7 ● 하도와 낙서

7. 낙서와 오행상극

낙서는 다름 아닌 오행의 상극을 나타내는 원리이다. 상생(相生)이 차례차례로 상대를 만들어가는 것에 반하여, 상극(相剋)은 반대로 목·토·수·화·금의 5기가 차례차례로 상대를 이긴다는 마이너스의 관계이다.

즉, 목기(木氣)는 토기(土氣)를 이기고, 토기는 수기(水氣)를, 수기는 화기(火氣)를, 화기는 금기(金氣)를, 금기는 목기를 이기는 것이다. 금기에 의하여 제압된 목기는 다시 토기를 이겨 순환을 반복한다.

「목극토(木剋土)」

「토극수(土剋水)」

「수극화(水剋火)」

「화극금(火剋金)」

「금극목(金剋木)」

「목극토」에서 나무[木]는 뿌리를 흙 속에 뻗고 흙을 단단히 죄어 고통을 준다. 따라서 「목극토」이다.

「토극수」에서 흙은 물을 막는다. 물[水]은 끊임없이 흘러 차고 넘친다. 만약 흙[土]이 없으면 물은 넘친다. 그 물의 힘을 억제하는 것은 항상 흙이다. 홍수 때에 수방(水防) 역할을 다하는 것은 옛날이나 지금이나 흙이다. 따라서 「토극수」이다.

「수극화」에서 물이 불을 끈다. 방화(防火)에는 물이다.

「화극금」에서 금속은 5원소 중에서 가장 강하고 단단하지만, 그 금속도 고온의 불[火]에 들어가면 쉽게 용해된다. 불이 금속을 이긴다.

「금극목」에서 우뚝 솟아 있는 나무도 도끼로 일격을 가하면 쓰러진다. 도끼는 금속이므로 「금극목」이다.

상생(相生)은 목·화·토·금·수의 순으로 5원소가 차례차례로 상대를 만들어가는 것이고, 상극(相剋)은 금·목·토·수·화의 순으로 5원소가 차례차례로 상대를 이겨가는 것이다.

우주의 삼라만상은 플러스 면만을 강조하여 계속 활동하면 반드시 파국으로 치닫게 된다. 다른 한편에는 마이너스 면이 필요하다. 상생과 상극이 작용하는 목·화·토·금·수는 우주 삼라만상의 상징이다.

상극 그 자체 속에도 상생이 있고, 상생 속에도 상극이 있다.

토는 목의 뿌리에 의하여 단단히 죄어짐으로써 붕괴하지 않으며, 수는 토에 의하여 행동이 억제되므로 계곡과 강의 형태를 유지할 수 있다. 화는 수에 의하여 억제되어 연소를 막을 수 있다. 금속은 불에 의하여 용해되어 금속 제품을 만들 수 있고 목(木)도 도끼에 의하여 잘려 다양한 제품으로 재생된다. 이는 상극 중에 생(生)이 있는 까닭이다. 마찬가지로 상생 속에서도 극살을 볼 수 있다. 목은 화를 만들지만 소멸해 버리고, 화도 토기(土氣), 즉 재(灰)를 만들지만 연소해버린다.

삼라만상의 상징인 목·화·토·금·수 사이에는 상생과 상극의 두 가지 면이 있어서 만상은 비로소 온당한 순환을 얻을 수 있다. 이 순환에 의하여 이 세상 만상의 영원성이 보증된다.

8. 십이지(十二支)

10간에 짜 맞춘 것이 12지(十二支)이다. 이것을 지지(地支)라고도 한다. 목성은 12년 간격으로 하늘을 일주하는데 엄밀하게는 11.86년이다. 목성은 12구획 중에서 1년에 1구획씩 운행한다. 목성은 태양 및 달과는 반대로 서쪽에서부터 동쪽으로 향하여 이동하기 때문에, 목성의 반영(反映)이라 할 수 있는 가성(仮星)을 설정하여 이것을 시계 방향과 같도록 동쪽에서 서쪽으로 이동시켰다. 이 상상의 별을 신령화시켜 「태세(太歲)」라고 하였다. 「태세」의 거처에 붙인 이름이 자(子)·축(丑)·인(寅)·묘(卯)·진(辰)·사(巳)·오(午)·미(未)·신(申)·유(酉)·술(戌)·해(亥)인 12지이다. 12지는 목성과 반대 방향에서 같은 속도로 도는 태세의 거처에 붙여진 명칭이다. 이것이 1년의 12지가 된다.

목성과 태세가 처음으로 분리되는 곳이 인(寅)인데, 태세가 인(寅)의 장소에 있는 해는 인년(寅年), 묘(卯)의 장소에 있을 때는 묘년(卯年)으로 태세가 인년(寅年)일 때 목성은 축(丑)에 있는 셈이 된다.

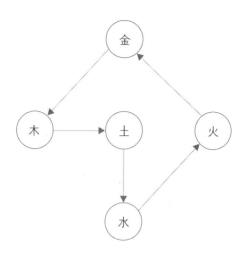

金剋木 → 木剋土 → 土剋水 → 水剋火 → 火剋金

그림 1-8 ● 오행 상극도

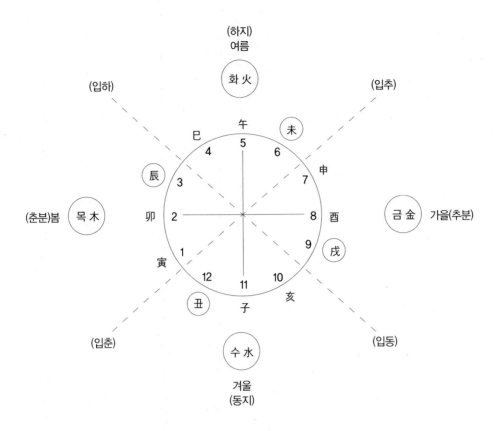

그림 1-9 ● 12지에 의한 1년과 4계절

봄은 1월(인월寅月)·2월(묘월卯月)·3월(진월辰月)이 되고, 1월이 생(生), 2월이 왕(旺), 3월이 묘(墓)가 되므로, 1월을 맹춘(孟春), 2월을 중춘(仲春), 3월을 계춘(季春)이라 한다.

여름은 4월(사월巳月)·5월(오월午月)·6월(미월未月)이 되고, 4월이 생, 5월이 왕, 6월이 묘가 되므로, 4월을 맹하(孟夏), 5월을 중하(仲夏), 6월을 계하(季夏)라고 한다.

가을은 7월(신월申月)·8월(유월酉月)·9월(술월戌月)이 되고, 7월이 생, 8월이 왕, 9월이 묘가 되므로, 7월을 맹추(孟秋), 8월을 중추(仲秋), 9월을 계추(季秋)라고 한다.

겨울은 10월(해월亥月)·11월(자월子月)·12월(축월丑月)이 되고, 10월이 생, 11월이 왕, 12월이 묘가 되므로, 10월을 맹동(孟冬), 11월을 중동(仲冬), 12월을 계동(季冬)이라고 한다.

음력 1·2·3월은 12지에서 본다면 인(寅)·묘(卯)·진(辰)의 3개월이다. 정월인 인월(寅月)은 봄[春]의 생기(生氣)로 시작이고 묘월(卯月)은 춘분[春分]을 포함하는 봄기운이 왕성한 왕기(旺氣)이다. 진월(辰月)은 만춘(晚春)으로 묘기(墓氣)가 된다.

음력 4 · 5 · 6월은 사(巳) · 오(午) · 미(未)의 3개월이다. 사월(巳月)은 여름의 생기(生氣), 하지(夏至)를 포함하는 5월(午月)은 여름의 더위가 왕성한 왕기(旺氣), 미월(未月)은 여름의 묘기(墓氣)이다.

음력 7 · 8 · 9월은 신(申) · 유(酉) · 술(戌)의 3개월이다. 신월(申月)은 가을의 생기(生氣), 추분(秋分)을 포함하는 유월(酉月)은 왕기(旺氣), 술월(戌月)은 만추(晩秋)로 묘기(墓氣)가 된다.

음력 10 · 11 · 12월은 해(亥) · 자(子) · 축(丑)의 3개월이다. 해월(亥月)은 겨울의 생기(生氣), 동지(冬至)를 포함하는 자월(子月)은 왕기(旺氣), 축월(丑月)은 묘기(墓氣)가 된다.

5기 중 목 · 화 · 금 · 수의 4기가 사계로 배당되고 12지가 12개월로 할당됨에 따라 5기의 나머지 기인 토기(土氣)가 문제가 된다. 목기로 예를 들면 인(寅) · 묘(卯)는 목기이지만 묘[墓]달인 3월에 해당되는 진(辰)은 토기로 배당하였다. 따라서 4계절 중 토기는 3월 · 6월 · 9월 · 12월의 묘달이 해당된다. 토기는 춘 · 하 · 추 · 동 사계절 끝의 「18일간」이다. 이 토기가 배당된 기간은 진 · 술 · 축 · 미에 해당하는 각 달 속에 있고, 사계 끝의 18일간을 계산하면 72일이 된다. 겨울과 여름, 봄과 가을은 각각 서로 대립하는 것이지만, 이 속에는 순환이 있다. 음인 겨울은 드디어 양기가 발동하는 봄이 되고 양이 왕성한 여름은 경유하여 음이 싹트는 가을로 변하여 만물이 고사하는 극음의 겨울이 된다.

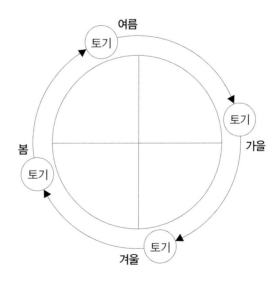

그림 1-10 ● 1년 12지와 토기

겨울에서 갑자기 봄이 되는 것은 아니며, 봄도 곧바로 여름으로 이동하는 것이 아니다. 각 계절 사이에는 그 어느 쪽도 속하지 않는 중간 계절이 있다. 그것이 토기(土氣)이다. 토기의 책무는 이 순환의 촉진이다.

토기작용(土氣作用)의 특색은 그 양의성(兩義性)에 있다. 한편으로는 만물을 토로 환원하는 사멸 작용을 하지만, 다른 한편으로는 만물을 키우는 육성 작용을 한다.

1년의 추이에서도 각 계절의 중간에 놓인 토기는 이미 지나가 버린 계절을 죽이고 돌아오는 계절을 육성한다. 소위 토기의 효용은 이 강력한 전환 작용에 있다. 죽어야 할 계절을 죽이고, 살아야 할 계절을 육성한다. 그것에 의하여 1년은 순조로이 추이(推移)한다.[2]

---

2) 김상보, 『음양오행사상으로 본 조선왕조의 제사음식문화』, 수학사, 1995, 69~88쪽

제 2 장

음양오행사상과 양생

1. 도교와 양생학

춘추(春秋, B.C 770~450)시대에 초(楚)[3]나라에서 태어난 노자(老子)[4]는 유교에서 말하는 예제(禮制)나 실천도덕 등은 쓸모없는 것이며, 세상이 어지러워지는 것은 사람들이 지식을 지나치게 구하기 때문이라고 하였다. 그래서 자아(自我)를 버리고 무위자연(無爲自然)의 도(道)를 따르면 사회는 평화로워지고 사람들은 행복하게 된다고 하였다. 그는 태고의 황제(黃帝)시대를 이상으로 하여 다음과 같은 가설을 정립하였다.[5]

道生一, 一生二, 二生三, 三生萬物
도는 하나를 낳고, 하나는 둘을 낳으며, 둘은 셋을 낳고, 셋은 만물을 낳는다.

노자가 제기한 도(道)에 대한 가설은 전국(戰國, B.C 450~221)시대 때 음양설(陰陽說)과 만나 상호 융합한다.[6]

道生一, 一生二, 二生三, 三生萬物, 萬物負陰而抱陽, 沖氣以爲和
도는 하나를 낳고, 하나는 둘을 낳고, 둘은 셋을 낳으며, 셋은 만물을 낳고, 만물은 음을 지고 양을 안아 기를 유화하여 조화를 이룬다.

노자의 도가사상(道家思想)에 본격적으로 음양이론을 삽입한 사람은 장자(莊子)였다. 음양은 우주 내부의 어느 곳에나 존재하는 보편적인 것인데, 음양이 서로 작용하여 서로 덮어 주거나 다스리면서 만물을 생성하고 음양에서 기운을 받아 자손이 번식한다고 하였다.[7]

---

3) 초(楚) : 중국 춘추전국(B.C 770~221)시대의 나라. 양쯔강[揚子江] 중류 유역에 근거한 나라로 장왕(莊王) 때 패자(覇者)가 됨. 후에 진(秦)나라에 멸망됨.
4) 노자(老子) : 도가(道家)의 시조. 성은 이(李) 이름은 이(耳), 자는 백양(伯陽). 주(周) 수장실(守藏室)의 이원(吏員)으로 있을 때에 공자(孔子)가 예를 배웠다 함.
5) 『老子』 42章.
6) 위의책.
7) 『莊子』「大宗師」「則陽」「在宥」「秋水」

그래서 식품에도 음양이론을 삽입하여 정립을 시도하였다. 나무에서 난 열매는 시다, 불에 탄 음식은 쓰다, 곡식은 달다, 칼로 베어 먹는 음식은 맵다, 바닷물은 짜다 등으로 오행과 오미의 관계를 만들고, 사유를 거듭하여 오색ㆍ오취ㆍ오방ㆍ오음ㆍ오장 등을 만들었다.[8]

오행설과 만난 노장사상(老莊思想)은 얼마 안 있어 더욱 발전하여 음과 양의 법칙에 의지하면서도 유가(儒家)와 묵가(墨家)[9]의 좋은 점을 취하고, 명가(名家)[10]와 법가(法家)[11]의 요체를 흡수하여 시대 및 사물의 변화에 대응하는 도교라는 종교로 발전하였다.[12]

도교에서 추구하는 최고의 목적은 신선이 되는 것과 죽지 않는 장생불사(長生不死)였다. 서왕모(西王母)ㆍ곤륜산(崑崙山)ㆍ봉래(蓬萊)ㆍ옥고(玉膏)ㆍ신천(神泉)ㆍ선초(仙草)ㆍ불사약(不死藥)ㆍ음로(飮露)ㆍ신선(神仙)ㆍ장생술(長生術) 등은 장생불사의 상징으로 알려져 있는데 이들 모두는 도교에서 나온 말이다.

남조(南朝) 양(梁)나라 때 단양(丹陽)의 사대부였던 도사(道士) 도홍경(陶弘景, 452~536)은 신선식(神仙食)으로 직결되는 양생지도(養生之道)에 대한 체계를 세웠다. 그것은 기를 기르고 정신을 편안히 하여 사리사욕을 없이 하는 것이었다. 그럼으로써 마음을 비우고 고요 속에 침잠하여 마음이 맑아지고 욕심이 없어진다고 하였다. 그러기 위해서는 고기 음식을 적게 먹고 기를 많이 먹는 것이었다. 그는 후한 말과 삼국시대에 흥하게 된 도사(道士)들에 의하여 편록(編錄)된 것으로 알려져 있는 중국에서 가장 오래된 본초서(本草書)인 『신농본초경(神農本草經)』을 증보하고 주(註)를 붙여 『신농본초경집주(神農本草經集註)』를 편찬하였다.

이 『신농본초경집주』는 다름 아닌 장생술인 양생술(養生術)을 기술한 책이다. 『신농본초경집주』는 환락과 정열이 가득한 당(唐)나라로 이어져 왕의 비호를 받으면서 진일보

---

8) 葛兆光 著, 沈揆昊 譯, 『道敎와 中國文化』, 東文選, 1993, 52~53쪽
9) 묵가(墨家) : 선진(先秦)시대의 학자인 묵적(墨翟)의 학설을 받드는 일파. 절대적인 천명에 따라 겸애(兼愛)와 흥리(興利)에 노력하여 근검할 것을 주장하고 숙명설(宿命說)을 부정하였음. 후계자가 없어 진(秦)나라와 한(漢)나라 때 홀연히 사라졌음. 묵적은 묵자(墨子, B.C 480~390)라고도 하는데, 묵자는 춘추시대 노(魯)나라의 철학자임.
10) 명가(名家) : 중국 춘추전국시대에 궤변(詭辯)을 일삼던 한 학파. 등석(鄧析)ㆍ윤문자(尹文子)ㆍ공손용자(公孫龍子) 등이 대표적임.
11) 법가(法家) : 선진(先秦)시대의 제자백가(諸子百家) 중 상앙(商鞅)ㆍ관자(管子)ㆍ신불해(申不害)ㆍ한비자(韓非子) 등의 학자 및 학파. 천하를 다스리는 요(要)는 인(仁)ㆍ의(義)ㆍ예(禮)와 같은 덕치(德治)보다는 엄격한 법치(法治)주의가 근본이라고 주장함.
12) 司馬談, 『六家要旨』

한 발전의 기반을 제공하였다.

상약(上藥) 120종, 중약(中藥) 120종, 하약(下藥) 125종을 합하여 365종의 가진 성질과 그 적용 범위에 대하여 기술하고 있는 도홍경에 의하여 편록된 바 있는『신농본초경』의 상약·중약·하약은 다음과 같다.[13]

1) 상약(上藥)

> 上藥 120種, 爲君主養命以應天無毒多服久服不傷人欲輕身益氣不老延年者.
>
> 상약 120종, 하늘이 응하여 군주의 수명을 키운다. 독이 없다. 많이 먹고 오랫동안 먹어도 사람에게 해가 없다. 몸을 가볍게 하고 기운을 북돋아 주어 늙지 않는다. 수명을 연장시킨다.

단사(丹沙)·운모(雲母)·옥천(玉泉)·석종유(石鐘乳)·열석(涅石)·소석(消石)·박소(朴消)·활석(滑石)·석담(石膽)·공청(空靑)·증청(曾靑)·우여량(禹餘糧)·태을여량(太乙餘糧)·백석영(白石英)·자석영(紫石英)·오색석지(五色石脂)·백청(白靑)·편청(扁靑) 이상 옥석(玉石) 상품(上品) 18종, 옛날과 같다.

창포(菖蒲)·국화(菊華)·인삼(人蔘)·천문동(天門冬)·감초(甘草)·건지황(乾地黃)·출(朮)·토사자(兔絲子)·우슬(牛膝)·충위자(茺蔚子)·여위(女萎)·방규(防葵)·자호(茈葫)·맥문동(麥門冬)·독활(獨活)·차전자(車前子)·목향(木香)·서예(薯蕷)·의이인(薏苡仁)·택사(澤瀉)·원지(遠志)·용담(龍膽)·세신(細辛)·석곡(石斛)·파극천(巴戟天)·백영(白英)·백호(白蒿)·적전(赤箭)·엄려자(淹藺子)·석명자(析蓂子)·시실(蓍實)·적흑청백황자지(赤黑靑白黃紫芝)·권백(卷柏)·남실(藍實)·질려자(蒺藜子)·궁궁(芎藭)·미무(蘼蕪)·황련(黃連)·낙석(絡石)·황기(黃耆)·육송용(肉松容)·방풍(防風)·포황(蒲黃)·향포(香蒲)·속단(續斷)·누로(漏蘆)·영실(營實)·천명정(天名精)·결명자(決明子)·단삼(丹蔘)·천근(茜根)·비렴(飛廉)·오미자(五味子)·선

---

13)『神農本草經』

화(旋華) · 난초(蘭草) · 사상자(蛇狀子) · 지부자(地膚子) · 경천(景天) · 인진(茵蔯) · 두약(杜若) · 사삼(沙蔘) · 백토곽(白兎藿) · 서장경(徐長卿) · 석룡추(石龍芻) · 미함(薇銜) · 운실(雲實) · 왕불류행(王不留行) · 승마(升麻) · 청양(靑蘘) · 고활(姑活) · 별기(別羈) · 굴초(屈草) · 회목(淮木), 이상 초(草) 상품 73종, 옛날은 72종.

모계(牡桂) · 균계(菌桂) · 송지(松脂) · 괴실(槐實) · 구기(拘杞) · 백실(柏實) · 복령(伏苓) · 유피(榆皮) · 산조(酸棗) · 벽목(蘗木) · 건칠(乾漆) · 오가피(五加皮) · 만형실(蔓荊實) · 신이(辛夷) · 상상기생(桑上寄生) · 두충(杜仲) · 여정실(女貞實) · 목란(木蘭) · 유핵(蕤核) · 귤유(橘柚), 이상 목(木) 상품 20종, 옛날은 19종.

발피(髮髮), 이상 인(人) 1종, 옛날과 같다.

용골(龍骨) · 사향(麝香) · 우황(牛黃) · 웅지(熊脂) · 백교(白膠) · 아교(阿膠), 이상 수(獸) 상품 6종, 옛날과 같다.

단웅계(丹雄鷄) · 안방(鴈肪), 이상 금(禽) 상품 2종, 옛날과 같다.

석밀(石蜜) · 봉자(蜂子) · 밀납(蜜臘) · 무려(牡蠣) · 구갑(龜甲) · 상표소(桑螵蛸) · 해합(海蛤) · 문합(文蛤) · 여어(蠡魚) · 이어담(鯉魚膽), 이상 충(蟲) · 어(魚) 상품 10종, 옛날과 같다.

우실경(藕實莖) · 대조(大棗) · 포도(葡萄) · 봉류(蓬蘽) · 계두실(雞頭實), 이상 과(果) 상품 5종, 옛날은 6종.

호마(胡麻) · 마분(麻蕡), 이상 미곡(米穀) 상품 2종, 옛날은 3종.

동규자(冬葵子) · 현실(莧實) · 과체(瓜蒂) · 과자(瓜子) · 고채(苦菜), 이상 채(菜) 상품 5종, 옛날과 같다.

2) 중약(中藥)

中藥 120種, 爲臣主養性以應人無毒有毒斟酌其宜欲遏病補羸者.

중약 120종, 사람이 응하여 신주(臣主, 신하와 임금)의 성(性)을 키운다. 독이 없다. 물을 많이 마시는 병에는 독이 있다. 허약한 것을 보한다.

웅황(雄黃) · 석류황(石流黃) · 자황(雌黃) · 수은(水銀) · 석고(石膏) · 자석(慈石) · 응수석(凝水石) · 양기석(陽起石) · 공공벽(孔公蘗) · 은벽(殷蘗) · 철정락(鐵釘烙) · 이석(理石) · 장석(長石) · 부청(膚靑), 이상 옥석(玉石) 중품(中品) 14종, 옛날은 16종.

건강(乾薑) · 시이실(枲耳實) · 갈근(葛根) · 괄루(括樓) · 고삼(苦蔘) · 당귀(當歸) · 마황(麻黃) · 통초(通草) · 작약(芍藥) · 여실(蠡實) · 구맥(瞿麥) · 원삼(元蔘) · 진용(眞茸) · 백합(百合) · 지모(知母) · 패모(貝母) · 백채(白菾) · 음양곽(淫羊藿) · 황금(黃芩) · 구척(狗脊) · 석용예(石龍芮) · 모근(茅根) · 자울(紫菀) · 자초(紫草) · 패장(敗醬) · 백선피(白鮮皮) · 산장(酸醬) · 자삼(紫蔘) · 고본(藁本) · 석위(石韋) · 비해(萆薢) · 백미(白薇) · 수평(水萍) · 왕과(王瓜) · 지유(地楡) · 해조(海藻) · 택란(澤蘭) · 방기(防己) · 관동화(款冬華) · 목단(牡丹) · 마선고(馬先蒿) · 적설초(積雪草) · 여완(女菀) · 왕손(王孫) · 촉양천(蜀羊泉) · 작상(爵牀) · 가소(假蘇) · 교근(翹根), 이상 초(草) 중품 49종, 옛날은 46종.

상근백피(桑根白皮) · 죽엽(竹葉) · 오수유(吳茱萸) · 치자(卮子) · 무이(蕪荑) · 지실(枳實) · 후박(厚朴) · 진피(秦皮) · 진초(秦茮) · 산수유(山茱萸) · 자위(紫葳) · 저령(豬苓) · 백극(白棘) · 용안(龍眼) · 송라(松蘿) · 위모(衛矛) · 합환(合歡), 이상 목(木) 중품 17종, 옛날과 같다.

매실(梅實), 이상 과(果) 중품 1종, 옛날과 같다.

대두황권(大豆黃卷) · 적소두(赤小豆) · 속미(粟米) · 서미(黍米), 이상 미곡(米穀) 중품 4종, 옛날은 2종.

요실(蓼實) · 총실(葱實) · 해(薤) · 수소(水蘇) · 이상 채(菜) 중품 4종, 옛날과 같다.

3) 하약(下藥)

下藥 125種, 爲左使主治病以應地多毒不可久服欲除寒熱邪氣破積聚愈疾者.

하약 125종, 땅이 응하여 좌사(左使, 벼슬의 하나)의 병을 치료한다. 독이 많다. 한열 치료에 오랫동안 복용하면 안 된다. 사기가 쌓이는 질환을 치료한다.

석회(石灰) · 여석(礜石) · 연단(鉛丹) · 분석(粉錫) · 석경비(錫鏡鼻) · 대자석(代赭石) · 융염(戎鹽) · 백악(白堊) · 동회(冬灰) · 청랑간(靑琅玕), 이상 옥석(玉石) 하품(下品) 8종, 옛날은 12종.

부자(附子) · 오두(烏頭) · 천웅(天雄) · 반하(半夏) · 호장(虎掌) · 연미(鳶尾) · 대황(大黃) · 정력(亭歷) · 길경(桔梗) · 낭탕자(莨蔼子) · 초호(草蒿) · 선복화(旋覆花) · 여로(藜蘆) · 구문(鉤吻) · 사간(射干) · 사합(蛇合) · 항산(恆山) · 촉칠(蜀漆) · 감수(甘遂) · 백렴(白蘞) · 청상자(靑葙子) · 조균(䕡菌) · 백급(白及) · 대극(大戟) · 택칠(澤漆) · 인우(茵芋) · 관중(貫衆) · 요화(蕘華) · 아자(牙子) · 양척촉(洋躑躅) · 상륙(商陸) · 양제(羊蹄) · 변축(萹蓄) · 낭독(狼毒) · 백두옹(白頭翁) · 귀구(鬼臼) · 양도(羊桃) · 여청(女靑) · 연교(連翹) · 여여(閭茹) · 오구(烏韭) · 녹곽(鹿藿) · 조휴(蚤休) · 석장생(石長生) · 육영(陸英) · 신초(藎草) · 우편(牛扁) · 하고초(夏枯草) · 완화(莞華), 이상 초(草) 하품 49종, 옛날은 48종.

파두(巴豆) · 촉초(蜀茮) · 조협(皁莢) · 유화(柳華) · 연실(楝實) · 욱리인(郁李仁) · 망초(莽草) · 뇌환(雷丸) · 동엽(桐葉) · 재백피(梓白皮) · 석남(石南) · 황환(黃環) · 수소(溲疏) · 서리(鼠李) · 약실근(藥實根) · 난화(欒華) · 만초(蔓茮), 이상 목(木) 하품 17종, 옛날은 18종.

돈란(豚卵) · 미지(麋脂) · 유서(鼬鼠) · 육축모제갑(六畜毛蹄甲), 이상 수(獸) 하품 4종, 옛날과 같다.

하마(蝦蟆) · 마도(馬刀) · 사태(蛇蛻) · 구인(邱蚓) · 열옹(蠮螉) · 오공(吳蚣) · 수질(水蛭) · 반묘(班猫) · 패자(貝子) · 석잠(石蠶) · 작옹(雀甕) · 강랑(蜣蜋) · 누고(螻蛄) · 마륙(馬陸) · 지담(地膽) · 서부(鼠婦) · 형화(螢火) · 의어(衣魚), 이상 충어(蟲魚) 하품 18종, 옛날과 같다.

도핵인(桃核仁) · 행핵인(杏核仁), 이상 목(木) 하품 2종, 옛날과 같다.

부비(腐婢), 이상 미곡(米穀) 하품 1종, 옛날과 같다.

고호(苦瓠) · 수근(水芹), 이상 채(菜) 하품 2종, 옛날과 같다.

피자(彼子), 이상 1종 미상.

오랫동안 먹어도 사람에게 해가 없는 것이 상약이다. 인삼 · 율무 · 오미자 · 사삼 · 꿀 · 굴 · 조개 · 뱀장어 · 단웅계(붉은 수탉) · 대추 · 포도 · 오이 · 고채 · 흑임자와 같은 우리가 널리 알고 있는 식품을 상약의 범주에 넣고 있다. 또 허약한 것을 보하지만 물을 많이 마시는 병에는 독이 있는 것이 중약이다. 건강 · 갈근(칡뿌리) · 치자 · 대나뭇잎 · 산수유 · 용안 · 매실 · 콩나물 · 좁쌀 · 기장을 중약의 범주에 넣고 있다. 『신농본초경』이 신농(神農)[14]이 쓴 본초서라고는 하나, 단사[15] · 수은 · 연단[16] 등도 구성되어 2~3세기에 퍼져 있던 연단술(煉丹術)[17]을 보여준다. 이를테면 상약 중의 하나인 석담(石膽)[18]을 오랫동안 먹으면 수명을 연장하여 신선이 될 수 있다 하고, 증청(曾靑) 역시 오랫동안 복용하면 몸이 가벼워지고 늙지 않는다 하였다.

미곡을 보면 상약 · 중약 · 하약에서 호마[19] · 마분[20] · 대두황권적소두[21] · 속미[22] · 서미[23] · 부비[24] 6종이 기재되어 있다. 당시에는 밀 · 쌀 · 메밀 등의 수요가 폭넓지 않았음을 보여 준다.

하늘의 명을 받아 천하를 차지하게 된 이연(李淵, 565~635)[25]은 조서를 내려 유교 · 불교 · 도교 중에서 도교가 첫 번째이고, 유교가 두 번째이며, 불교는 마지막이라고 차례를 정하고, 도교를 가장 높은 지위에 오르게 하였다. 당의 제2대 왕인 이세민(李世民, 598~649)[26] 역시 637년에 도교를 숭상하라는 교시를 내릴 정도였다.[27] 장생불사하면서 신선이 되고자 하는 당대의 지식인들은 도교에 심취해서 스스로 노군(老君, 老子)의 후예를 자처하였다.

무병하고 장생불사하여 신선이 되기 위해서는 양생(養生)이 필수적이다. 여기에서 나온 것이 양생지도(養生之道)이다. 당대에 황제의 비호를 받으면서 급격히 발전한 양생론은 다음의 글에서 잘 드러난다.

---

14) 신농(神農) : 중국의 옛 전설에 나오는 제왕으로 삼황(三皇)의 한 사람. 인신우수(人身牛首)로 백성에게 농사짓는 법을 가르쳤으므로 신농씨라 일컬음. 성은 강(姜). 의료(醫療)와 악사(樂師)의 신이자, 주조(鑄造)와 양조(釀造)의 신이기도 하다.
15) 단사(丹砂) : 주사(朱砂)라고도 하며 천연 유화수은을 이름. 짙은 붉은빛의 광택이 있는 육방정계(六方晶系)에 딸린 덩어리로 된 광물.
16) 연단(鉛丹) : 사삼산화연(四三酸化鉛).
17) 연단술(煉丹術) : 옛날 중국에서 도사(道士)가 진사(辰砂)로 황금이나 약 등을 만들었다고 하는 연금술의 한 가지.
18) 석담(石膽) : 황산동으로 이루어지는 광물. 콩팥 모양 또는 종유상(鐘乳狀)의 광물로 유리 광택이 나며 반투명한 푸른 빛을 띰.
19) 호마(胡麻) : 참깨와 검은깨.
20) 마분(麻蕡) : 삼꽃의 꽃가루.
21) 대두황권(大豆黃卷) · 적소두(赤小豆) : 대두와 팥으로 만든 콩나물.
22) 속미(粟米) : 조, 좁쌀.
23) 서미(黍米) : 기장.
24) 부비(腐婢) : 팥꽃.
25) 이연(李淵) : 중국 당(唐)나라의 초대 황제. 조상은 선비인(鮮卑人). 수(隋)나라 말인 617년에 제위(帝位)에 올라 장안(長安)에 도읍하고 국호를 당(唐)이라 하였음. 재위는 618~626.
26) 이세민(李世民) : 당(唐)의 제2대 황제인 태종(太宗). 각지를 정복하는 한편 '정관(貞觀)의 치(治)'라 일컫는 어진 정치를 펴 왕성한 시기를 이루었음. 재위는 626~649.
27) 葛兆光 著, 沈揆昊 譯, 『道敎와 中國文化』, 東文選, 1993, 209쪽

양생을 한다는 선비가 스스로 근신해야 하는 방법을 모른다면 더불어 양생의 도(養生之道)를 논할 수 없다. 양생을 하는데 가장 좋은 방법은, 첫째 다른 사람과 더불어 시비를 다투지 않고, 둘째 약을 복용할 때 필요한 금기사항을 잘 알아야 하며, 셋째가 도인(導引), 넷째가 행기(行氣), 다섯째가 근원(根源)을 지키는 것이다.[28]

한편 잡념을 없애고 가만가만 편안히 숨을 쉬어서 배꼽 아래로 기운을 미치게 하고 이것이 익숙해지면 오래 산다고 하는, 도가에서 행하던 호흡법을 소개한 『태식비요가결(胎息秘要歌訣)』에서는 음식 먹는 마땅한 방법을 다음과 같이 소개하였다.

묽은 죽으로 아침과 저녁 식사를 하면 시장기가 저절로 해소되고, 참깨를 먹으면 호흡기가 윤활하게 되어 타액 분비가 많아지며 특히 멥쌀로 밥을 해먹으면 이롭다. 곡물가루로 만든 박탁(餺飥) 또한 도움이 된다. 생선이나 고기 등의 비린내 나는 음식을 먹거나 배가 고플 때 포식하거나 차가운 음식을 함부로 먹고, 짜고 매운 것을 먹으면 몸에 해롭다.

양생술이 가미된 본초학은 세월이 흘러 원대(元代)가 되자 그 결정판이 등장한다. 그것은 다름 아닌 음선태의(飲膳太醫)의 관서(官書)로 썼던 1330년에 홀사혜(忽思慧)가 지은 『음선정요(飲膳正要)』이다. 이후 명나라의 『본초강목(本草綱目)』, 조선 왕조의 『동의보감(東醫寶鑑)』으로 이어진다. 하지만, 한반도에는 당대(唐代)의 본초서로부터 많은 영향을 받은 『음선정요』보다도 100년 정도 앞서 고려 때의 고종(高宗, 재위 1213~1259) 연간에 전통적으로 전해진 약방을 포함하여 우리나라에서 구할 수 있는 약재로 병을 고치고자 하는 의도에서 간행된 『향약구급방(鄕藥救急方)』이라는 본초서 등이 이미 존재하였다.

이상의 본초서 내용은, 모든 식품의 성미(性味)와 기미(氣味)를 4기(四氣) 5미(五味)로 기술하고 있다. 열성의 병증을 치료하는 식품은 한성(寒性) 혹은 량성(凉性)이고, 한성의 병증을 치료하는 식품은 온성(溫性) 혹은 열성(熱性)이 되며, 오미(五味)란 신(辛)·감(甘)·산

---

28) 『攝養枕中方』

㉢(酸)·고(苦)·함(鹹)이고 각 식품의 작용은 이들 4기 5미의 조합에 의한다고 하고 있다.

예를 들면 술의 기는 대열이고, 미는 쓰고[苦], 달고[甘], 매워서[辛] 몸이 냉증이나 한증 상태에 있어 혈액순환이 되지 않을 때, 술을 마시면 좋은 약이 되지만, 어디까지나 소량 마시는 것이 원칙이고, 과음했을 때에는 몸의 상태가 열성이 되어 그것이 누적된다면 담질(痰疾)[29]이 된다고 구체적으로 밝히고 있다.[30] 따라서 술을 마실 때 최고의 안주감은 열성을 평(平)으로 해주는 한성 또는 량성식품이 된다. 자칫 열성이 될지도 모를 인체를 평으로 해주어야 정기(精氣), 즉 젊음을 유지하고 회생시키면서 장수하는 데에 도움이 된다는 것이다.

정기에서 정(精)이란 인체를 구성하여 생명 활동을 하기 위한 기본 물질이다. 음식물을 비위(脾胃)에서 흡수하여 생성된 것이다. 이들은 영양·혈액·체액이 되어 전신을 순환하기도 하고 생식용의 정(精)이 되기도 하여 새로운 생명의 근본이 된다.

표 2-1 ● 오행 배당표

오행	목(木)	화(火)	토(土)	금(金)	수(水)
오부	담(膽)	소장(小腸)	위(胃)	대장(大腸)	방광(膀胱)
오색	청(靑)	적(赤)	황(黃)	백(白)	흑(黑)
오장	간장(肝)	심장(心)	비장(脾)	폐장(肺)	신장(腎)
오미	신맛(酸)	쓴맛(苦)	단맛(甘)	매운맛(辛)	짠맛(鹹)
오기	온(溫)	열(熱)	평(平)	냉(冷)	한(寒)
10간	갑(甲)·을(乙)	병(丙)·정(丁)	무(戊)·기(己)	경(庚)·신(辛)	임(壬)·계(癸)
12지	인(寅)·묘(卯)	새(巳)·오(午)	진(辰)·술(戌) 축(丑)·미(未)	신(申)·유(酉)	해(亥)·자(子)
사계	봄(春)	여름(夏)	토기(土氣)	가을(秋)	겨울(冬)
방위	동	남	중앙	서	북
오상	인(仁)	예(禮)	신(信)	의(義)	지(智)

---

29) 담질(痰疾) : 몸의 분비액이 큰 열[大熱]을 만나서 생기는 병의 총칭. 풍담(風痰)·한담(寒痰)·열담(熱痰)·습담(濕痰)·기담(氣痰)·주담(酒談)·경담(驚痰)·담울(痰鬱) 등이 있음. 여기에서는 열담과 주담을 뜻함.
30)「飮膳正要」「飮酒避忌」

기(氣)란 만물을 생성하는 근원(根源)이다. 안주에 동원되는 식품은 술이 가진 대열(大熱)을 평(平)하게 만들어주는 한성(寒性) 또는 량성(凉性)식품이다. 이러한 관점에서 본다면 차[茶] 역시 한성(寒性)이므로 술에 취했을 때 주열(酒熱)을 풀어 주어 술을 빨리 깨게 해주는 최적의 음료가 된다.

2. 음양오행론과 식사

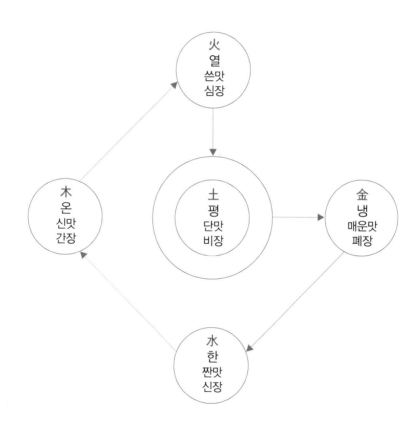

그림 2-1 ● 5장 · 5기 · 5미 · 5행의 상생

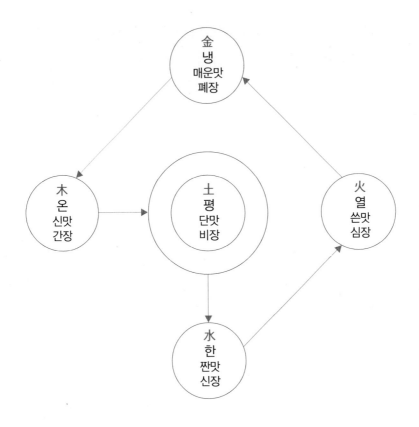

그림 2-2 ● 5장·5기·5미·5행의 상극

그럼 여기서 양생학에서 추구하는 식품의 오행 배당을 보자(표 2-1). 우주의 만물인 별·천신·온갖 생명체·5색·계절·덕목 등 무생물이든 생물이든 그 근원은 5원소(오행)이다.

그래서 오행론에 기초하여 5곡(보리·수수·조·쌀·콩)·5채(부추·염교·아욱·파·콩잎)·5축(닭·양·소·개·돼지)·5과(자두·살구·대추·복숭아·밤) 및 약은 인체에 들어가서 다음과 같이 작용한다.

5곡 : 자양(滋養)한다.
5축 : 보익(補益)한다.
5과 : 보조(保助)한다.

5채 : 기미(氣味)를 보충한다.

약[毒藥] : 사(邪, 병·나쁜 기운)를 공격한다.

즉 약이란 독한 성질에 의하여 사기(邪氣)를 없앰으로서 병을 치료하는 것이고 5곡·5축·5과·5채는 영양이 되거나 영양을 보익하는 것이다. 이 5곡·5축·5과·5채 속에는 신맛[酸]·쓴맛[苦]·단맛[甘]·매운맛[辛]·짠맛[鹹]의 5미가 있어서,

신맛은 먼저 간장에 들어간다. (신맛은 수렴收斂작용)

쓴맛은 먼저 심장에 들어간다. (쓴맛은 사출瀉出작용)

단맛은 먼저 비장에 들어간다. (단맛은 이완작용)

매운맛은 먼저 폐장에 들어간다. (매운맛은 발산發散작용)

짠맛은 먼저 신장에 들어간다. (짠맛은 딱딱한 것을 부드럽게 하는 작용)

음식이 병이 되는 원인에 관해서는 크게 세 가지 요소를 생각할 수 있다.

첫째, 음식물의 양 특히 대음대식(大飮大食)은 병이 된다. 대음하면 기(氣)가 균형을 상실하고, 대식하면 근맥이 이완하여 하리 및 치질이 생긴다.

둘째, 지나치게 뜨겁거나 지나치게 찬 것을 먹으면 병을 초래한다. 음식 자체의 온도뿐만 아니라 식품 자체도 체내에 들어가서 신체를 따뜻하게 하거나 차게 하는 작용이 있다. 그 작용을 기(氣)라고 한다. 열(熱)·온(溫)·평(平)·량(凉) 네 가지를 4기라고 부르고, 5미(五味)와 합하여 식품의 성격을 나타낼 때에 사용한다.

셋째, 5미(五味)의 균형적인 섭취가 깨지면 병이 된다. 한 가지 맛을 편중하여 과식할 경우,

신맛을 편중하여 다식하면 육(肉)이 수축하여 경련이 일어난다.

쓴맛을 편중하여 다식하면 피부가 건조해진다.

단맛을 편중하여 다식하면 머리카락이 빠진다.

매운맛을 편중하여 다식하면 근육이 굳어져 각질이 된다.

짠맛을 편중하여 다식하면 맥립(脈泣)한다.

이상은 특정 맛의 식품을 지나치게 많이 먹었을 때 일어나는 증상을 기술한 것이다. 일단 오장에 질병이 생기면,

간장병(목)은 매운맛(금)을 금하고[금극목(金剋木)]
심장병(화)은 짠맛(수)을 금하며[수극화(水剋火)]
비장병(토)은 신맛(목)을 금하고[목극토(木剋土)]
폐장병(금)은 쓴맛(화)을 금하고[화극금(火剋金)]
신장병(수)은 단맛(토)을 금한다[토극수(土剋水)]

고 하였다. 이것은,

신맛(木)을 편중하여 다식하면 비장(土)을 상하게 한다[목극토]
쓴맛(火)을 편중하여 다식하면 폐장(金)을 상하게 한다[화극금]
매운맛(金)을 편중하여 다식하면 간장(木)을 상하게 한다[금극목]
짠맛(水)을 편중하여 다식하면 심장(火)을 상하게 한다[수극화]
단맛(土)을 편중하여 다식하면 신장(水)을 상하게 한다[토극수]

고 바꾸어 말할 수 있다. 상극설에 기초한 것이다.

그런데 청색은 간장을 주관하고, 적색은 심장을 주관하며, 황색은 비장을 주관하고, 백색은 폐장을 주관하며, 흑색은 신장을 주관해서 봄에는 신맛의 음식을 많이, 여름에는 쓴맛의 음식을 많이, 가을에는 매운맛을 많이, 겨울에는 짠맛을 많이 하여 조리하는 것이 이상적인 조리방법이라고 하고 있다. 사계절의 특성과 오행 배당을 감안하여 제시한 점을 고려해 넣는다면,

간장에는 청색식품이

심장에는 적색식품이

비장에는 황색식품이

폐장에는 백색식품이

신장에는 흑색식품이

좋다는 것을 나타내주는 것이며, 제철식품이 강조되는 요인이기도 하다. 실제로

신맛과 청색은 간장에 들어가면 신맛이 되고 청이 된다

쓴맛과 적색은 심장에 들어가면 쓴맛이 되고 적이 된다

단맛과 황색은 비장에 들어가면 단맛이 되고 황이 된다

매운맛과 백색은 폐장에 들어가면 매운맛과 백이 된다

짠맛과 흑색은 신장에 들어가면 짠맛과 흑이 된다

고 하였다.

이상의 기술을 통하여 불로장수를 위한 이상적인 식사 방법과 재료 선택은 다음과 같이 정의할 수 있다.

과음과식을 피하고 적당히 먹는다[所宜所忌].

식품 재료 배합은 항상 평(平)하도록 한다(예를 들면 돼지고기는 한성이므로 돼지고기로 조리할 경우 열성의 마늘을 듬뿍 넣어 평이 되게 한다). 아울러 지나치게 뜨겁거나 지나치게 찬 것은 먹지 않도록 한다. 평(平)은 토기(土氣)이기도 하며, 인체가 가장 건강할 때의 기가 평기(平氣)이기 때문이다.

오미(五味)를 균형 있게 조화하여 조리한다.

오미상생(五味相生)과 오색상생(五色相生)이 되게 조리한다.

식물성 식품과 동물성 식품을 균등하게 배합한다.

이류보류(以類補類)한다. 즉 무리로서 무리를 보한다. 간이 나쁠 때는 돼지의 간을 먹고 신장이 나쁠 때는 돼지의 신장을 먹는다.

이상의 내용을 다시 요약해 보자.

첫째, 제철 식품을 재료로서 적극적으로 활용해야 한다.

계절마다 산출되는 재료는 천도에 순응하여 생산되는 먹거리다. 이들을 잘 활용해서 조리해 먹어야 건강에 좋다. 예를 들면 소고기나 어린 싹은 봄철, 참외·수박·오이·옥수수·건어물 등은 여름철, 감·밤·고구마·마늘·꿀·연근·사과·산약 등은 겨울철 식재료이다. 겨울에 수박을 먹거나 여름에 꿩을 먹는 것은 음양 원리에 위배된다.

둘째, 밥상을 차릴 때 음식의 온도는 음과 양이 조화되어야 한다.

밥은 봄처럼 따뜻하게, 국은 여름처럼 뜨겁게, 장은 가을처럼 서늘하게, 술을 포함하는 음료는 겨울처럼 차게 차려 먹어야 천도에 순응하는 식사가 된다.

셋째, 국과 밥이 배합(配合)되어야 한다.

밥상차림에서 국과 밥이 한 조가 되어야 하는 까닭은 국은 본디 소고기·양고기·돼지고기·꿩고기·닭고기 등과 같은 육류를 주재료로 하였으므로 양성(陽性)식품이며, 밥은 조·수수·보리·쌀 등과 같이 곡류를 주재료로 한 음성(陰性)식품인 까닭이다. 단백질과 탄수화물의 조합 역시 양과 음의 조합이다.

넷째, 계절과 조미료는 식품의 성(性)과 서로 조화되어야 한다.

식품의 성(性)이란 기(氣)라고도 하는데 한(寒), 열(熱), 온(溫), 량(凉), 평(平)의 다섯 가지 식품이 있다. 한성식품은 녹두·메밀·고사리·오이·아욱·근대·버섯·참외·수박·차·우렁이 등이다. 이들은 여름철에 먹으면 좋으나, 몸이 혹시 한성(寒性)으로 기울어졌을 때 먹으면 병이 된다. 조리시에는 열성식품을 조미료로서 화합하여 평(平)한 성질로 만든다. 소위 양념[藥鹽]을 하도록 한다.

열성식품은 천초(川椒)·생강·고추 등이다. 이들은 한성으로 기울어진 병증(陰症)을 다스리는 바, 탕약으로 쓰이거나 한성식품을 평하게 만들기 위한 조미료로서 사용한다.

온성식품은 도라지·쑥·마늘·인삼·부추·파·모과·염소고기·개고기·오골계 등이다. 역시 음증을 다스리는데 쓰이고, 한성 또는 량성식품을 평하게 만들기 위한 조미료로서 사용한다. 겨울철 식품이다.

량성식품은 찹쌀·오리·대합·우유·굴·상추 등이다. 온성 또는 열성으로 기운 병증(陽症)을 다스리고, 온성 또는 열성식품을 평하게 만들기 위한 조미료로서 사용된다. 여름철 식품이다.

평성식품은 멥쌀·대두·매실·자두·농어·소고기·팥·감초 등이다. 매일매일 식탁에 다른 어떤 양념을 넣지 않고 조리해 올려도 기의 균형을 깨뜨리지 않는 식품이다. 사시사철 먹어도 되는 식품이기 때문에 『신농본초경』에서는 이들을 상약(上藥)이라 하였다.

그런데 땅에서 생명체가 살아가는 도리[地道]는 상생(相生)과 상극(相剋) 작용이 서로 얽혀 이루어져, 좋음이 있으면 나쁨도 있고, 나쁨이 있으면 좋음도 있다.

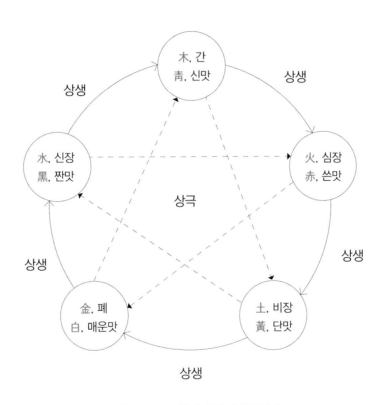

그림 2-3 ● 오행의 상생과 상극관계

간장·심장·비장·폐장·신장의 오장에서 간에 질병이 생겼을 때, 간(肝)은 목(木)의 성질이므로, 목의 성질인 신맛이 강한 식물(食物) 중에서 식품을 선택하고 화(火)의 성질인 소량의 쓴맛과 토(土)의 성질인 단맛이 있는 식물을 첨가하여 주면, 간장은 원기(元氣)

가 되어 몸 전체가 좋은 상태가 된다고 하고 있다. 이러한 적용 논리는 금(金)의 성질인 매운맛은 목(木)의 성질인 신맛을 극하므로 간에 좋은 신맛이 소멸될 우려가 있다. 그러므로 화극금(火剋金)을 적용시켜 쓴맛(火)으로 신맛(木)을 가진 식품에 혹시 들어 있을지 모르는 매운맛(金)을 극하여 신맛을 보호하는 것이다. 여기서 토의 단맛을 첨가하는 것은 단맛은 모든 것을 조화하는 힘을 가지고 있기 때문이다.

이상의 논리로서 보면, 다음과 같이 먹어야 한다.

간장이 나쁠 때, 신맛이 있는 식물 + 소량의 쓴맛과 단맛의 식물
신장이 나쁠 때, 짠맛이 있는 식물 + 소량의 신맛의 식물
폐장이 나쁠 때, 매운맛이 있는 식물 + 소량의 짠맛과 단맛의 식물
심장이 나쁠 때, 쓴맛이 있는 식물 + 소량의 단맛의 식물
비장이 나쁠 때, 단맛이 있는 식물 + 소량의 매운맛의 식물

목은 신맛이고 토는 비장이니 목극토에 의하여 비장이 나쁠 때는 신맛을 금하고, 토는 단맛이고 수는 신장이니 토극수에 의하여 신장이 나쁠 때는 단맛을 금한다. 수는 짠맛이고 화는 심장이니 수극화에 의하여 심장이 나쁠 때는 짠맛을 금하며, 화는 쓴맛이고 금은 폐이니 화극금에 의하여 폐가 나쁠 때는 쓴맛을 금한다. 금은 매운맛이고 목은 간이니 금극목에 의하여 간이 나쁠 때는 매운맛을 금한다.

신맛 → 쓴맛, 쓴맛 → 단맛, 단맛 → 매운맛, 매운맛 → 짠맛, 짠맛 → 신맛으로 이행하는 맛의 오미상생(五味相生)이란, 신맛과 쓴맛, 쓴맛과 단맛, 단맛과 매운맛, 매운맛과 짠맛, 짠맛과 신맛이 알맞게 섞이면 건강에도 좋고 맛도 좋아지는 관계이다. 음식의 조미는, 단맛(土)은 신맛(木)에 의하여, 짠맛(水)은 단맛(土)에 의하여, 쓴맛(火)은 짠맛(水)에 의하여, 매운맛(金)은 쓴맛(火)에 의하여 신맛(木)은 매운맛(金)에 의하여 맛이 각각 억제된다는 오미상극(五味相剋)에 의하여 관리되었다. 부패를 방지하기 위하여 소금을 많이 넣고 육포를 건조시킬 때 꿀을 넣어서 건조하면 짠맛을 덜 느끼게 된다. 토극수에 의하여 단맛이 짠맛을 극하기 때문이다.

아무리 약을 많이 먹어도 매일매일 골고루 섭취하는 좋은 음식에 미치지 못하는 까닭은 식자재 하나하나에는 고유의 기능이 있기 때문이다.

제 3 장

『동의보감』을 통해서 본 약선

1. 식품의 성질과 효능

1) 곡류

- **흑임자** 성(性)은 평(平)하다.

  오장을 보익한다. 신장에 좋다. 불로장수하게 한다.

- **흑임자잎** 성은 평하다.

  근골에 좋다.

- **흑임자참기름(生)** 성은 미한(微寒)·대한(大寒)하다.

  위의 열을 주치한다.

- **볶은 참기름** 약용이 되지 못한다.

- **흰 참깨(生)** 성은 대한하다.

  허파를 보익한다.

- **볶은 참깨** 성은 열(熱)하다.

  약용이 되지 못한다.

- **흰 참깻잎** 성은 대한하다.

  즙을 내어 머리에 바르면 풍을 제거한다.

- **흰 참깨기름(生)** 성은 대한하다.

  비장에 좋다. 삼초(三焦)의 열독을 내린다.

- **볶은 향유** 약용이 되지 못한다.

- **대두·흑대두·흰대두** 성은 평하고, 미(味)는 함(鹹)하다.

  위장을 따뜻하게 한다. 오장을 보한다. 약용과 식용 모두 좋다.

- **야생 검은콩** 약용에 더욱 좋다.

- **검은콩 끓인 즙** 성은 량(凉)하다.

  번열을 제거한다. 약독을 푼다.

- **두부** 성은 한(寒)·열하다.

기(氣)를 동한다. 볶아서 술과 함께 먹으면 풍(風)을 다스린다.

흑임자

- 메주 · 메주장 · 야생 검은콩장 성(性)은 냉(冷) · 평(平)하다.
  신장에 매우 유익하다. 신장병에 매우 좋다.

- 콩가루(豆黃) 미(味)는 감(甘)하다.
  위 속의 열을 없앤다. 복부 팽만을 다스린다. 곡물을 소화한다. 종(腫)을 제거한다. 비(痺)를 다스린다.

참깨

- 콩나물 성은 평하고, 미는 감하다.
  오래된 풍습비와 무릎 동통을 다스린다. 오장과 위 속의 결취(結聚)를 제거한다. 싹이 5푼쯤 되는 것은 부인의 악혈을 부수므로 산부의 약에 쓰인다.

두부

- 팥(색이 붉은 것) 성은 평 · 미한(微寒) · 온(溫)하고, 미는 감 · 산(酸)하다.
  수종(水腫)을 없앤다. 소변에 좋다. 고름을 배출한다. 소갈과 설사를 그치게 한다. 비장을 정탕(整盪)한다. 밀가루의 독을 푼다.

- 팥잎 잦은 소변증을 치료한다.
  번열을 없앤다. 눈을 밝힌다.

- 팥꽃 성은 평하고, 미는 신(辛)하다.
  술독을 푸니 술병에 양약이다. 7월 7일에 채취하여 음건하여 쓴다. 부비(腐婢)라 한다.

팥

- 좁쌀 성은 미한, 미는 함(鹹)하다.
  신기를 기른다. 비장과 위 속의 열을 없앤다. 소변을 잘 나오게 한다.

- 좁쌀가루 모든 독을 푼다. 번민(煩悶)을 그치게 한다.

- 좁쌀미숫가루 성은 한(寒), 미는 감하다.
  번열을 푼다. 갈증과 설사를 그치게 한다. 대장을 실

좁쌀

하게 한다.

- **좁쌀싹** 성은 온, 미는 고(苦)하다.

  속이 찬 사람을 보한다. 기를 내린다.

- **멥쌀** 성은 평, 미는 감하다.

  속을 따뜻하게 하고, 기에 익하며, 제번(除煩)한다. 손의 태음, 소음경에 들어간다. 기정(氣精)은 미(米) 자를 넣어서 만든 글자이다. 서리가 내린 뒤에 거두는 것이 좋다.

- **찹쌀** 성(性)은 한(寒) · 량(涼), 미(味)는 감(甘) · 고(苦)하다.

  속을 보하고 기에 익한다. 모든 경락의 기를 막는다. 많이 먹으면 사지가 약해지고 풍을 발하게 한다. 기를 움직여 잠이 많아진다. 다리근육이 약해진다.

- **찹쌀술** 성은 열(熱)하다. 주조(酒糟)는 온(溫)하다.

- **찰기장쌀** 성은 미한(微寒), 미는 감하다.

  술과 엿을 만들면 좋다. 술의 효과가 뛰어나다. 대장에 좋다. 칠창(漆瘡)을 다스린다. 오장의 기를 막고 풍(風)이 동(動)한다.

- **밀** 성은 미한 · 평(平), 미는 감하다.

  간기(肝氣)를 길러준다. 번열을 없앤다. 조갈을 없앤다. 소변을 잘 나오게 한다. 껍질은 한하고 알갱이는 열하다.

- **순 밀가루국수** 성은 온, 미는 감하다.

  속을 보하고 기에 도움을 준다. 위장을 두터이 한다. 오장을 돕는다.

- **밀누룩** 성은 평, 미는 감하다.

  위장에 좋다.

- **보리** 성은 온 · 미한, 미는 함(鹹)하다.

  허한 것을 보해준다. 오장을 실하게 한다.

기장

- **겉보리** 성은 미한, 미는 감하다.

  몸을 가볍게 한다. 속을 보한다. 열을 없앤다. 장복하면 병이 생기지 않고 건강하게 걷는다.

- **쌀보리** 성은 미한 · 온, 미는 함하다.

밀

- **보릿가루** 장복하면 사람에게 유익하다. 위에 좋다. 소화가 잘된다. 붓기를 다스린다. 떡을 만들어 먹으면 기가 동하지 않는다.

- **엿기름** 성은 온, 미는 감·함하다.

  소화를 잘 시킨다. 오래 먹으면 신기(腎氣)가 감해진다.

- **메밀** 성(性)은 평(平)·한(寒), 미(味)는 감(甘)하다.

  위장을 실하게 한다. 오장의 찌꺼기를 없앤다.

- **메밀가루** 소화가 잘된다.

- **녹두** 성은 한, 미는 감하다.

  단독·번열(煩熱)·풍진(風疹)·약석(藥石)의 발동을 다스린다. 열(熱)을 누른다. 종(腫)을 소멸한다. 기를 내린다. 소갈(消渴)을 그치게 한다. 오장을 화(和)하게 한다. 12경맥을 행(行)하게 한다. 베갯속에 넣으면 눈이 밝아지고 두풍(頭風)·두통을 다스린다. 껍질은 한하고 속 알갱이는 평하다.

- **녹두녹말가루** 성은 냉(冷), 미는 감하다.

  열독을 없앤다. 주식독(酒食毒)을 푼다.

- **완두**(잠두) 성은 평, 미는 감하다.

  위장을 쾌하게 하고, 오장에 좋다. 볶아서 먹거나 차(茶)에 넣어서 먹는다.

메밀

- **율무** 성은 미한(微寒), 미는 감하다.

  기침을 주치한다. 폐(肺)에 좋다. 몸이 가벼워지고, 장기(瘴氣)를 이긴다.

녹두

- **메주** 성은 한, 미는 함(鹹)·감·고(苦)하다.

  두통(頭痛)·한열(寒熱)을 다스린다. 장기(瘴氣)를 다스린다. 약의 중독을 다스린다. 가슴속의 괴농을 다스린다(생으로 먹을 것). 총백(파의 밑동)과 같이 먹으면 가장 빨리 땀이 나온다.

율무

- **장**(醬, 콩장[豆醬]) 성은 냉, 미는 함·산(酸)하다.

  열을 없앤다. 어육과 채소 독을 죽인다. 모든 약의 독을 죽인다. 열상(熱傷)과 화독(火毒)을 다스린다. 오래된 것이 좋다.

• **초(醋, 미초米醋)** 성은 온(溫), 미는 산(酸)하다.

웅종을 없앤다. 심통과 인통을 다스린다. 어육·채소 독을 죽인다. 혈량(血量)을 다스린다.

• **찹쌀호박엿** 성은 온(溫), 미는 감하다.

많이 먹으면 비풍(脾風)이 움직인다. 기력을 보한다. 기침을 멈추게 한다. 오장에 좋다.

• **두부** 성(性)은 냉(冷)·평(平), 미(味)는 감(甘)하다.

비위(脾胃)에 좋다.

2) 수조육류

• **붉은 수탉** 성은 미온(微溫)·미한(微寒), 미는 감하다.

자궁을 튼튼히 한다. 허한 것을 보한다. 속을 따뜻하게 한다. 독을 없앤다. 통신(通神)한다. 풍(風)이 있는 사람은 먹어서는 안 된다.

• **흰 수탉** 성은 미온·한(寒), 미는 산(酸)하다.

소변을 잘 나오게 한다. 소갈이 그친다. 오장이 편해진다. 단독을 없앤다.

• **검은 수탉** 성은 미온, 미는 감·산하다.

심통을 주치한다. 가슴의 나쁜 것을 다스린다. 태아를 편하게 한다.

• **검은 암탉** 성은 온(溫), 미는 감·산하다.

풍한습(風寒濕)의 비(痺)를 주치한다. 반위(反胃)를 다스린다. 임신이 잘 안착되게 한다. 산후의 분비물을 잘 배설케 한다. 새로운 피를 만드는데 도와준다. 악기(惡氣)를 물리친다.

• **다리까지 누런 암탉** 성은 평, 미는 산·감·함(鹹)하다.

소변이 잦은 것을 다스린다. 소갈을 다스린다. 오장을 보익한다. 골수를 더한다. 양기(陽氣)를 돕는다. 소장을 따뜻하게 한다. 정(精)을 보한다.

- 달걀(누런 암탉란. 오골계란) 성은 평, 미는 감하다.

  심(心)을 진정시킨다. 오장을 편히 한다. 열화창(熱火瘡)을 주치한다. 안태한다.

- 달걀노른자 옻오른 피부병을 치료한다. 이질을 다스린다.

- 달걀흰자 성은 미한, 미는 감하다.

  눈에 열이 나서 빨개지고 통증이 있는 것을 다스린다. 기침을 다스린다. 열번을 다
  스린다. 난산을 다스린다. 태의(胎衣) 불출(不出)을 다스린다.

- 오리 성(性)은 량(涼)하다.

  오장의 열을 푼다. 갈증을 그치게 한다.

- 꿩(9~12월) 성은 미한(微寒) · 평(平) · 온(溫), 미(味)는 산(酸)하다.

  속을 보하고 기(氣)에 익하다.

- 사향 성은 온, 미는 신(辛) · 고(苦)하다.

  심(心)을 진정시킨다. 신(神)을 편히 한다. 심복통을 다스린다. 난산을 다스린다.

- 우황(牛黃) 성은 평 · 량, 미는 감(甘) · 고하다.

  혼(魂)을 진정시킨다. 소아의 모든 병을 다스린다. 간(肝)에 들어가서 근육을 다스린다.

- 소고기[黃牛] 성은 평 · 온, 미는 감하다.

  비위를 기른다. 토설을 그친다. 소갈과 수종(水腫)을 다스린다. 근골과 다리를 보강
  한다.

- 우유[黑牛] 성은 냉(冷) · 미한, 미는 감하다.

  번갈(煩渴)을 그치게 한다. 피부를 윤택하게 한다. 심폐
  (心肺)를 기른다. 열독(熱毒)을 푼다.

소고기

- 소 두제(頭蹄) 열풍(熱風)을 다스린다.

- 소 골 소갈과 현기증을 다스린다.

- 소의 오장 사람의 오장을 치료한다.

- 소의 양 오장을 보한다. 비위를 기른다. 소갈을 멈춘다.

- 천엽 열독(熱氣)를 주치한다. 주독(酒毒)을 푼다. 수기(水
  氣)를 주치한다. 설사를 다스린다.

- 담낭 성은 대한(大寒), 미는 고하다.

우유

눈을 밝히고 갈증을 없앤다.

- 소 뼈 성은 온하다.

  실혈과 질병을 다스린다.

- 요구르트 성은 한(寒) · 냉, 미는 감 · 산하다.

  번갈을 다스린다. 열민(熱悶)을 다스린다. 심격(心膈)의 열통(熱痛)을 다스린다. 몸과
  얼굴의 열창(熱瘡)을 다스린다.

- 숫염소 뿔 성(性)은 온(溫) · 미한(微寒), 미(味)는 함(鹹) · 고(苦)하다.

  눈을 밝힌다. 나쁜 피의 누하(漏下)와 풍열(風熱)을 퇴치한다.

- 숫염소고기 성은 대열(大熱) · 온, 미는 감(甘)하다.

  허로(虛勞)와 한냉(寒冷)을 다스린다. 보중익기(補中益氣)한다. 심(心)을 안정시킨다. 경
  (驚)을 멈추게 한다. 위를 연다. 비건케 한다.

- 숫염소 간 성은 냉(冷)하다.

  간풍(肝風)과 안질을 다스린다. 눈을 밝힌다.

- 숫염소 뼈 성은 열(熱)하다.

  허한(虛寒)을 다스린다.

- 영양 보익한다. 냉로(冷勞)와 악창[蛇咬]을 다스린다.

- 토끼고기 성은 한(寒) · 평(平), 미는 신(辛) · 산(酸)하다.

  갈증을 다스린다. 비를 건강케 한다. 많이 먹으면 성(性)이 냉하므로 원기가 상한다.

- 돼지고기 성은 한 · 량(凉), 미는 고 · 함(鹹)하다.

  해열한다. 수은 독을 죽인다. 단석 독을 죽인다. 허한 근골을 다스린다. 혈맥이 약
  한 것을 다스린다. 기(肌)에 들어간다. 약을 죽인다. 풍(風)이 동(動)한다. 함(鹹)하므
  로 먼저 신(腎)에 들어간다.

- 돼지 머리 허를 보한다. 기에 좋다. 경간(驚癎)과 오치(五痔)를 제거한다.

- 돼지 간 성은 온하다.

  습(濕)을 제거한다. 각기를 다스린다. 적백리(赤白痢)를 다스린다.

- 돼지 심장 성은 열하다.

  경사(驚邪) · 경간(驚癎)을 다스린다. 심혈(心血)의 부족을 보한다.

- **돼지 비장** 허한 비(脾)를 다스린다.
- **돼지 허파** 성은 한하다.

  폐를 보한다. 반묘독(斑猫毒)과 지담독(地膽毒)을 푼다.
- **돼지 콩팥** 성은 한하다.

  신장에 좋다. 방광을 통리한다.
- **돼지 밥통[肚]** 성(性)은 미온(微溫)하다.

  골증(骨蒸)을 다스린다. 열노(熱勞)를 다스린다. 허리(虛羸)를 다스린다. 기를 돕는다. 폭리(暴痢)로 허약한 것을 다스린다. 갈(渴)을 그치게 한다. 사계절로 먹는다.
- **돼지 장** 허갈(虛渴)과 잦은 소변, 허약한 하초를 다스린다.
- **멧돼지** 성은 평(平), 미는 신(辛)·감(甘)하다.

  풍기(風氣)가 동하지 않는다.

3) 어패류

- **잉어** 성은 한(寒)·평, 미는 감하다.

  황달을 다스린다. 소갈과 수종·각기를 다스린다. 태동과 임산부의 신종(身腫)을 다스린다. 안태한다.
- **붕어** 성은 온(溫)·평, 미는 감하다.

  위기(胃氣)를 평(平)하게 한다. 오장에 좋다. 속을 조절한다. 하리(下痢)를 그치게 한다. 순채(蓴菜)와 합하여 국을 끓여 먹으면, 음식이 내리지 않는 것을 다스린다. 모든 어(魚)는 전부 화(火)에 속하나, 붕어만 토(土)에 속한다. 그러므로 위를 고르고 장(腸)을 실(實)하게 한다.

잉어   붕어

오징어

- 오징어   성은 평, 미는 산(酸)하다.

  익기(益氣)한다. 강지(强志)한다. 월경을 통하게 한다. 오래 먹으면 정(精)을 통하고 자식을 낳는다.

- 뱀장어   성(性)은 한(寒) · 평, 미(味)는 감(甘)하다.

  악창(惡瘡)을 다스린다. 오치(五痔)를 다스린다. 창루(瘡瘻)를 다스린다. 오장의 허한 곳을 보한다.

- 쏘가리   성은 평(平), 미는 감하다.

  허로(虛勞)를 보한다. 비(脾)와 위(胃)를 건강하게 한다. 장풍(腸風)을 다스린다. 기력을 비건케 한다. 배 안의 작은 벌레를 다스린다.

- 조기   성은 평, 미는 감하다.

  소화를 잘되게 한다. 순채와 함께 국을 끓여 먹으면 위(胃)를 열고, 기(氣)를 더한다. 폭리(暴痢)와 배가 부른 것을 다스린다.

- 숭어   성은 평, 미는 감하다.

  위를 연다. 오장을 통리한다. 사람을 비건케 한다. 진흙을 먹기 때문에 모든 약에 좋다.

- 농어   성은 평, 미는 감하다.

  오장을 보한다. 위장을 화(和)하게 한다. 근골을 더한다. 회를 만들어 먹으면 더욱 좋다.

- 메기   성은 난(暖), 미는 감하다.

  붓기가 있을 때 수(水)를 내린다. 소변을 통리한다.

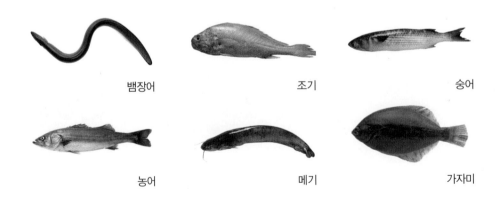

뱀장어   조기   숭어

농어   메기   가자미

- 광어, 가자미 성은 평, 미는 감하다.

  허를 보한다. 기에 익(益)하다. 많이 먹으면 기가 움직인다.

- 홍어 보익(補益)한다.

- 복어 성(性)은 온(溫), 미(味)는 감(甘)하다.

  허를 보한다. 습을 없앤다. 허리(虛羸)를 조리하고, 치충(痔蟲)을 죽인다.

- 대구 성은 평(平), 미는 함(鹹)하다.

  보기(補氣)한다.

- 문어 성은 평, 미는 감하다.

- 낙지 성은 평, 미는 감하다.

- 송어 성은 평, 미는 감하다.

- 연어 성은 평, 미는 감하다.

- 뱅어(白魚) 성은 평하다.

  위를 연다[開胃下食].

- 미꾸라지 성은 온, 미는 감하다.

  속을 보한다. 설사를 멎게 한다.

- 자가사리 성은 평, 미는 감하다.

  술을 깨게 한다.

- 민어 파상풍을 다스린다.

홍어   복어   대구

문어   연어   미꾸라지

- 생선회 성은 온하다.

- 게 성은 한(寒)·량(凉), 미는 함하다.

  가슴 속의 결열(結熱)을 다스린다. 위기를 다스린다. 출산 후의 위통과 피가 내리지
  않는 것을 다스린다. 음식을 소화한다. 칠창(漆瘡)을 다스린다.

- 조개 성(性)은 평(平)·량(凉), 미(味)는 함(鹹)하다.

  소변을 통리한다. 눈을 밝힌다. 열독을 제거한다.

- 금조개(대합) 성은 냉(冷)·한(寒), 미는 감하다.

  눈을 밝힌다. 소갈을 그치게 한다. 열독을 제거한다. 술독을 푼다.

- 참조개 성은 냉, 미는 감(甘)하다.

  오장을 살찌운다. 소갈을 그치게 한다. 위를 연다. 주독을 푼다. 술을 깨게 한다.

- 큰 조개 성은 냉, 미는 감하다.

  주독을 푼다. 소갈을 그치게 한다. 주갈(酒渴)을 다스린다.

- 가막조개 성은 냉·한하다.

  소변을 잘 나오게 한다. 눈을 밝힌다. 열기를 내린다. 소갈을 그치게 한다. 주독을 푼다.

- 강요주(꼬막) 성은 온(溫), 미는 감하다.

  오장을 통리한다. 위를 튼튼히 한다. 속을 따뜻하게 한다. 음식을 잘 소화하게 한다.

- 가리맛조개 성은 온, 미는 감하다.

  번민을 다스린다. 갈증을 멎게 한다.

민어   게   대합

홍합   새우

- **홍합** 성(性)은 온(溫), 미(味)는 감(甘)하다.

  오장을 보한다. 허리와 다리에 좋다. 대하를 다스린다. 출산 후 피가 모여 배가 아픈 것을 다스린다.

- **새우** 성은 평(平), 미는 감하다.

  오래 먹으면 풍(風)이 움직인다. 오치(五痔)를 주치한다.

- **우렁이** 성은 한(寒), 미는 감하다.

  열독을 푼다. 갈을 그치게 한다. 간열(肝熱)을 다스린다. 대변·소변을 잘 나오게 한다. 배 안의 열결(熱結)을 없앤다. 주독을 푼다. 술을 깨게 한다. 목적종통(目赤腫痛)을 다스린다.

4) 실과류

- **연밥[連實]** 성은 평·한, 미는 감하다.

  기력을 기른다. 모든 병을 없애고, 오장을 보한다. 갈(渴)을 그치게 한다. 설사를 다스린다. 신(神)을 더한다. 심(心)을 편히 한다. 많이 먹으면 항상 기쁘다. 12경의 기혈을 보한다.

- **연잎[荷葉]** 갈을 그치게 한다. 독을 죽인다. 복통을 다스린다.

- **연꽃** 성은 난(暖)하다.

  심(心)을 진정시킨다. 몸을 가볍게 한다. 얼굴빛을 곱게 한다.

- **귤껍질** 성은 온, 미는 고(苦)·신(辛)하다.

  흉격 간의 기를 다스린다. 위를 연다. 설사를 그치게 한다. 기침을 다스린다. 흉중의 체기를 다스린다.

- **귤육** 성은 냉(冷), 미는 감·산(酸)하다.

  소갈을 그치게 한다. 위(胃)를 연다. 많이 먹으면 담(痰)이 성하다.

- **유자** 미는 감·산하다.

  위 속의 악기를 없앤다. 주독을 푼다. 음주인(飮酒人)의 구기(口氣)를 좋게 한다.

- **감자** 성(性)은 대한(大寒) · 냉(冷), 미(味)는 감(甘)하다.

  위장 속의 열독을 없앤다. 폭갈(暴渴)을 없앤다. 소변을 통리한다. 주독을 없앤다. 주갈을 없앤다.

감자

- **말린 귤껍질** 미는 신(辛) · 고(苦)하다.

  진피는 신하니 상기(上氣)를 다스리고, 청귤피는 고하니 하기(下氣)를 다스린다. 육(肉)을 버리고 폭건(暴乾)해서 쓴다. 청피는 간과 담 2경의 약이다.

대추

- **말린 대추** 성은 평(平), 미는 감하다.

  속을 편안히 한다. 비위를 기른다. 위장을 보한다. 오장을 보한다. 12경맥을 돕는다. 진액을 보한다. 모든 약과 화(和)한다.

- **생대추** 성은 온(溫), 미는 감하다.

  위장을 보한다. 기에 익(益)하다.

포도

- **포도** 성은 평, 미는 감 · 산(酸)하다.

  습비(濕痺)와 임(淋)을 다스린다. 소변을 잘 나오게 한다. 비건해진다. 기에 익(益)하다. 강지(强志)해진다. 창진(瘡疹)이 나지 않게 한다. 많이 먹으면 눈이 어두워진다.

- **밤** 성은 온, 미는 함(鹹)하다.

  기를 더한다. 위(胃)를 보(補)한다. 위기(胃氣)를 돕는다.

- **복분자** 성은 평 · 미열(微熱), 미는 감 · 산하다.

  남자의 신정(腎精)을 다스린다. 허갈(虛渴)을 다스린다. 여자의 무자(無子)를 주치한다. 간(肝)을 보한다. 눈을 밝힌다. 기에 익하다. 몸을 가볍게 한다. 소변을 잘 나오게 한다.

- **매실** 성은 평, 미는 산하다.

  갈(渴)을 그치게 한다. 가슴을 덥힌다. 소금으로 죽이면 백매(白梅)이고 훈(燻)하여 말리면 오매(烏梅)이다.

- **백매** 성은 난(暖), 미는 산하다.

혈점(血點)을 다스린다. 금창(金瘡)을 주치한다. 지식(痣蝕)을 다스린다. 악육(惡肉)을 다스린다. 핵을 버리고 볶아서 쓴다.

- **오매** 성(性)은 난(暖), 미(味)는 산(酸)하다.

  담(痰)을 없앤다. 토역(吐逆)을 그치게 한다. 갈(渴)을 다스린다. 설사를 다스린다. 노열(勞熱)을 다스린다. 골(骨)을 다스린다. 주독(酒毒)을 푼다. 상한(傷寒)을 주치한다. 입이 마르는 증세를 다스린다. 흑지(黑痣, 검은 사마귀)를 제거한다.

- **홍시** 성은 한(寒)·냉(冷), 미는 감(甘)하다.

  심열(心熱)을 다스린다. 위(胃)를 연다. 주독(酒毒)을 푼다. 술의 열독(熱毒)을 푼다. 입마름증을 다스린다. 토혈(吐血)을 그치게 한다. 갈(渴)을 그치게 한다. 폐위(肺痿)를 다스린다.

- **오시**(烏柹, 불에 말린 것[火柹]) 성은 난(煖)하다.

  독을 죽인다. 금창(金瘡)을 다스린다. 화창(火瘡)을 다스린다. 통증을 다스린다.

- **백시**(곶감, 햇빛에 말린 것) 성은 냉·평(平)하다.

  장위를 튼튼하게 한다. 비위를 튼튼하게 한다. 숙식(宿食)을 소화한다. 기미를 없앤다. 숙혈을 없앤다. 목소리를 좋게 한다.

- **여지** 성은 평·온(溫), 미는 감·산하다.

  통신(通神)한다. 익지(益智)한다. 번갈(煩渴)을 그치게 한다. 안색을 좋게 한다.

- **용안**(龍眼) 성은 평, 미는 감하다.

  오장의 사기(邪氣)를 없앤다. 비(脾)에 들어간다. 심지(心志)를 보강한다.

- **복숭아** 성은 열(熱), 미는 산하다.

  안색을 좋게 한다. 많이 먹으면 발열한다.

복숭아

- **석류** 성은 온, 미는 감·산하다.

  인후의 조갈(燥渴)을 주치하나 폐(肺)를 손상하니, 많이 먹어서는 안 된다.

- **배** 성은 한·냉, 미는 감·산하다.

  객열(客熱)을 없앤다. 심번(心煩)을 그치게 한다. 풍열(風

배

熱)을 소제(逍除)한다. 가슴 속의 열결(熱結)을 다스린다.

- **잉금** 성(性)은 온(溫), 미(味)는 감(甘)·산(酸)하다.
  소갈(消渴)을 다스린다. 곽란과 복통을 다스린다. 담(痰)
  을 없앤다. 설사를 그친다.

- **호두** 성은 평(平)·열(熱), 미는 감하다.
  경맥을 통한다. 혈맥을 붓게 한다. 머리를 검게 한다.
  비건케 한다. 많이 먹으면 풍(風)이 움직인다.

호두

- **잣** 성은 온, 미는 감하다.
  골절풍(骨節風)을 다스린다. 풍비(風痺)를 다스린다. 현
  기증을 다스린다. 오장을 살찌운다. 피부를 윤택하게
  한다.

잣

- **은행** 성은 한(寒), 미는 감하다.
  폐와 위의 탁기(濁氣)를 맑게 한다. 기침을 진정시킨다.

- **수박** 성은 한, 미는 감하다.
  번갈(煩渴)을 없앤다. 서독(暑毒)을 없앤다. 관중(寬中)한
  다. 하기(下氣)한다. 소변을 잘 나오게 한다. 혈병(血病)
  을 다스린다. 구창(口瘡)을 다스린다.

은행

- **참외** 성은 한, 미는 감하다.
  갈(渴)을 그치게 한다. 번열(煩熱)을 없앤다. 소변을 잘
  나오게 한다. 입과 코의 창(瘡)을 다스린다.

수박

5) 채소류

- **생강** 성은 미온(껍질은 한, 과육은 열), 미는 신(辛)하다.
  담(痰)을 없앤다. 기(氣)를 내린다. 구토를 그친다. 풍
  한과 습기를 없앤다. 해역(咳逆)을 다스린다. 토기(上氣)

생강

를 다스린다. 천수(喘嗽)를 다스린다. 반위(反胃)를 다스린다.

토란

• 토란 성(性)은 평(平) · 냉(冷), 미(味)는 신(辛)하다.
장 · 위를 너그럽게 한다. 숙혈(宿血)을 제거한다. 사기(死肌)를 제거한다.

• 아욱 성은 한(寒) · 냉, 미는 감(甘)하다.
오림(五淋)을 다스린다. 소변을 잘 나오게 한다. 오장과 육부의 한열을 없앤다. 젖이 나지 않는 것을 다스린다.

배추

• 순무 성은 온(溫), 미는 감하다.
오장에 좋다. 소식(消食)하게 한다. 하기(下氣)한다. 황달을 다스린다. 몸을 가볍게 한다. 기에 익(益)하다.

• 무 성은 온 · 냉 · 평, 미는 신 · 감하다.
음식을 소화한다. 담벽(痰癖)을 그치게 한다. 관절을 통리(通利)한다. 오장의 악기를 단련한다. 폐위(肺痿)를 다스린다. 토혈(吐血)을 다스린다. 노쇠의 기침을 다스린다.

죽순

• 배추 성은 평 · 량(凉), 미는 감하다.
소식(消食)한다. 하기(下氣)한다. 장위(腸胃)를 통리(通利)한다. 가슴 속의 열을 없앤다. 주갈(酒渴)과 소갈(消渴)을 그치게 한다.

• 죽순 성은 한, 미는 감하다.
소갈을 그친다. 수도(水道)를 통리한다. 번열(煩熱)을 없앤다.

• 상추 성은 한, 미는 고(苦)하다.
근골을 보한다. 오장을 통리한다. 경맥을 통한다.

• 씀바귀 성은 한, 미는 고하다.
오장의 사기(邪氣)를 없앤다. 속의 열을 없앤다. 심신(心神)을 편히 한다. 악창(惡瘡)을 다스린다.

• 냉이 성은 온, 미는 감하다.

간기(肝氣)를 통리한다. 속을 화해한다. 오장을 통리한다.

- **사삼**(더덕) 성(性)은 미한(微寒), 미(味)는 고(苦)하다.

  속을 보한다. 폐기(肺氣)를 더한다. 산기(疝氣)의 하추(下墜)를 다스린다. 농(膿)을 소멸한다. 종독(腫毒)을 소멸한다. 오장의 풍기를 선양(宣揚)한다.

- **도라지** 성은 미온(微溫) · 평(平), 미는 신(辛) · 고하다.

  폐기(肺氣)의 천촉(喘促)을 다스린다. 일체의 기(氣)를 내린다. 인후통을 다스린다. 가슴통증을 다스린다. 충독(蟲毒)을 내린다.

- **파뿌리** 성은 냉(冷) · 평, 미는 신하다.

  상한(傷寒)의 한열(寒熱)을 다스린다. 중풍을 다스린다. 얼굴 종(腫)을 다스린다. 인후를 다스린다. 태(胎)를 편히 한다. 눈을 밝힌다. 간사(肝邪)를 없앤다. 오장을 통리한다. 모든 약의 독을 죽인다. 대 · 소변이 잘 나오게 한다. 각기를 고친다. 겨울에 먹으면 좋다. 파 밑동(총백)의 성은 냉하고 잎(푸른 부분)은 열하다.

- **마늘** 성은 온(溫) · 열(熱), 미는 신하다.

  옹종을 흩는다. 보습(補濕)을 없앤다. 장기(瘴氣)를 다스린다. 현벽(痃癖)을 녹인다. 냉(冷)을 쫓는다. 풍을 쫓는다. 비장을 튼튼히 한다. 위를 따뜻하게 한다. 곽란으로 인한 근육통을 그치게 한다. 온역(瘟疫)을 다스린다. 노학(勞瘧)을 다스린다. 고독(蠱毒)을 다스린다. 뱀에게 물린 상처를 다스린다.

도라지

- **부추** 성은 온 · 열, 미는 신 · 산(酸)하다.

  심(心)에 들어간다. 오장을 편하게 한다. 위 속의 열을 없앤다. 허핍을 보한다. 허리와 무릎을 따뜻하게 한다. 흉비(胸痺)를 없앤다. 위 속의 악혈(惡血)을 없앤다. 위 속의 체기를 없앤다. 간기(肝氣)를 보충한다.

파뿌리

- **가지** 성은 한, 미는 감하다.

  오장의 노기(勞氣)를 주치한다. 전시(傳尸)의 노기를 주치한다. 한열(寒熱)을 주치한다.

부추

• 미나리 성(性)은 평(平)·한(寒), 미(味)는 감(甘)하다.

　번갈(煩渴)을 그친다. 양신(養神)한다. 익정(益精)한다. 사
람이 비건해진다. 음주 후의 열독을 다스린다. 대장과
소장에 이롭다. 소아의 폭열(暴熱)을 다스린다. 여성의
대하를 다스린다.

미나리

• 들깨 성은 온(溫), 미는 신(辛)하다.

　기를 내린다. 해수(咳嗽)를 그친다. 갈(渴)을 그친다. 간
(肝)을 좋게 한다. 속을 보한다. 정수를 메운다.

들깨

• 고사리 성은 한, 미는 감하다.

　폭열(暴熱)을 없앤다. 오줌을 잘 나오게 한다.

• 근대 성은 평하다.

　속을 보한다. 기를 내린다. 비기(脾氣)를 다스린다. 두
풍(頭風)을 없앤다. 오장을 통리한다.

표고버섯

• 시금치 성은 냉(冷)하다.

　오장에 이(利)하다. 위장의 열을 없앤다. 주독(酒毒)을
푼다.

• 단박 성은 냉, 미는 감하다.

　오줌을 잘 나오게 한다. 제번(除煩)한다. 갈증을 멎게 한다. 심열(心熱)을 다스린다.
소장을 통리한다. 심폐(心肺)를 건강하게 한다. 석림(石淋)을 다스린다.

• 나무버섯[木耳] 성은 한, 미는 감하다.

　오장을 통리한다. 위장의 옹독(癰毒)을 없앤다. 몸을 가볍게 한다.

• 상이(桑耳) 성은 평·온, 미는 감하다.

　장풍을 다스린다. 사혈(瀉血)을 다스린다. 부인의 대하를 다스린다.

• 표고버섯 성은 평, 미는 감하다.

　신(神)을 기쁘게 한다. 위(胃)를 연다. 토(吐)를 그치게 한다. 사(瀉)를 그치게 한다.

• 석이버섯 성은 한·평, 미는 감하다.

　청심(淸心)한다. 양위(養胃)한다. 지혈(止血)한다. 연년(延年)한다. 안색을 좋게 한다.

- **송이버섯** 성(性)은 평(平), 미(味)는 감(甘)하다.

  나무버섯[木耳] 중에 제일이다.

- **미역** 성은 한(寒), 미는 함(鹹)하다.

  번열(煩熱)을 내린다. 혹의 결기(結氣)를 다스린다. 오줌

  을 잘 나오게 한다.

미역

- **다시마** 성은 한, 미는 함하다.

  12수종(水腫)을 다스린다. 오줌을 잘 나오게 한다. 얼굴 종기를 없앤다. 누창(瘻瘡)과

  영류(瘿瘤)의 결기(結氣)를 다스린다.

- **김** 성은 한, 미는 함하다.

  치충(痔蟲)을 죽인다. 곽란 토사로 인한 심번(心煩)을 다스린다.

- **두릅** 성은 평하다.

6) 기타

- **인삼** 성은 미온(微溫) · 온(溫), 미는 감(甘) · 고(苦)하다.

  오장의 장기(臟氣) 부족을 주치한다. 정신을 안정시킨다. 혼백을 안정시킨다. 눈을

  밝힌다. 개심(開心)한다. 지혜를 더한다. 허손(虛損)을 보(補)한다. 곽란을 그친다. 구

  얼(嘔噦)을 그친다. 폐위(肺痿)의 토농(吐膿)을 다스린다. 담(痰)을 다스린다. 인삼은 오

  장의 양(陽)을 돕고, 사삼은 오장의 음(陰)을 돕는다. 기가 실하거나 얼굴이 검거나

  토혈하거나 구수(久嗽)하거나 혈허(血虛) · 음허한 사람은 사삼으로 대용한다.

- **오미자** 성은 온, 미는 산(酸) · 고하다.

  허로(虛勞)를 보(補)한다. 눈을 밝힌다. 음을 강하게 한다. 소갈을 그친다. 수장(水臟)

  을 따습게 한다. 남자의 정(精)을 더한다. 번열(煩熱)을 없앤다. 주독(酒毒)을 푼다. 해

  수를 다스린다. 상기(上氣)를 다스린다.

- **칡뿌리** 성은 평 · 냉(冷), 미는 감하다.

  풍독(風毒)의 두통을 다스린다. 땀을 나게 한다. 주독(酒毒)을 푼다. 번갈(煩渴)을 그친

다. 위를 연다. 하식(下食)한다. 흉격의 열을 다스린다. 소장을 통하게 한다. 금창(金瘡)을 다스린다.

- **계피** 성(性)은 대열(大熱), 미(味)는 감(甘)·신(辛)하다.

　속을 따뜻하게 한다. 혈맥을 통하게 한다. 간기(肝氣)에 이(利)하다. 폐기(肺氣)에 이(利)하다. 곽란으로 인한 근육 경련을 다스린다. 모든 약에 화합한다. 태(胎)를 떨어뜨린다.

- **계심(桂心)** 성은 대열하다.

　9종의 심통(心痛)을 다스린다. 배 안의 냉통(冷痛)을 그친다. 일체의 풍기(風氣)를 없앤다. 오로(五勞)를 보(補)한다. 칠상(七傷)을 보한다. 관절에 좋다. 정(精)을 더한다. 눈을 밝힌다. 허리와 무릎을 따뜻하게 한다. 풍비(風痺)를 없앤다. 어혈(瘀血)을 사른다.

- **육계(肉桂)** 성은 대열하다.

　신장을 보한다. 하초를 다스린다. 장(臟)을 다스린다.

- **계지(桂枝, 잔가지)** 성은 대열하다.

　혈(血)을 흩는다. 한사(寒邪)를 분리시킨다. 겉이 허하고 땀을 흘릴 때 사용한다.

- **송진** 성은 온(溫), 미는 감·고(苦)하다.

　오장을 편히 한다. 열을 없앤다. 풍비(風痺)의 죽은 피부를 다스린다. 악창을 주치한다. 두역(頭瘍)을 주치한다. 백독(白禿)을 주치한다.

- **송화** 몸을 가볍게 한다.

- **작설차** 성은 미한(微寒)·냉(冷), 미는 감·고하다.

　눈을 밝힌다. 소변이 잘 나온다. 소갈(消渴)을 그친다. 잠이 적어진다. 구(炙)하고 초(炒)한 독(毒)을 푼다. 오래 먹으면 지방(脂肪)을 덜고 여위어진다.

- **천초** 성은 온, 미는 신하다.

　대풍(大風)을 다스린다. 눈을 밝힌다. 뱃속의 냉증을 고친다. 설사를 그치게 한다.

- **후추** 성은 대온(大溫), 미는 신하다.

　하기한다. 속을 따뜻하게 한다. 담(痰)을 소화한다. 장과 부속의 풍냉(風冷)을 제거한다. 가슴과 배의 냉통을

후추

다스린다. 냉리(冷痢)를 다스린다. 일체의 어·육·버섯 등의 독을 다스린다.

• 꿀 성(性)은 평(平)·미온(微溫), 미(味)는 감(甘)하다.

오장을 편하게 한다. 기에 익하다. 속을 보하다. 해독한다. 통증을 멎게 한다. 여러 질병을 없앤다. 모든 약과 화해(和解)한다. 비기(脾氣)를 기른다. 구창(口瘡)을 다스린다. 장벽(腸癖)을 그치게 한다. 눈을 밝힌다. 귀를 밝힌다.

2. 식품의 성(性)

1) 평(平)한 식품

• 송이버섯·두릅·칡·도라지·파밑동·미나리·근대·상황버섯·표고버섯·석이버섯·토란·무·배추·흑임자깻잎·콩나물·팥꽃

• 대추·포도·복분자·매실·백시·여지·용안·호두

• 대두·메주장·흑임자·팥·멥쌀·연밥·밀·밀누룩·메밀·완두·두부

• 누런 암탉·달걀·꿩·소고기·소내장·토끼·멧돼지

• 잉어·붕어·오징어·뱀장어·쏘가리·조기·숭어·농어·광어·가자미·홍어·대구·문어·낙지·송어·연어·뱅어·자가사리·민어·조개·새우

• 꿀

2) 냉(冷)한 식품

• 콩국(끓인 콩즙)·메주·녹두녹말가루·두장(豆醬)·두부·두유·요구르트

• 염소간

• 대합·참조개·큰조개·가막조개

- 귤 · 감자(과일) · 홍시
- 시금치 · 단박
- 작설차

3) 한(寒)한 식품

- 흑임자기름 · 흰 참깨 · 연밥 · 흰 참깨기름 · 두부 · 좁쌀미숫가루 · 메밀 · 메밀가루 · 녹두 · 메주
- 토끼 · 돼지고기 · 돼지허파 · 돼지콩팥 · 요구르트
- 잉어 · 뱀장어 · 게 · 대합 · 가막조개 · 우렁이
- 감자 · 홍시 · 배 · 은행 · 수박 · 참외
- 아욱 · 죽순 · 상추 · 씀바귀 · 가지 · 미나리 · 흰 참깻잎 · 고사리 · 나무버섯 · 석이버섯 · 미역 · 다시마 · 김
- 흰 수탉

4) 온(溫)한 식품

- 팥 · 순밀가루국수 · 보리 · 들깨 · 쌀보리 · 보릿가루 · 좁쌀싹
- 검은 암탉 · 꿩
- 소고기 · 소뼈 · 소내장 · 염소 · 영양 · 돼지간
- 붕어 · 복어 · 미꾸라지 · 생선회 · 강요주 · 가리맛조개 · 홍합
- 귤껍질 · 대추 · 밤 · 여지 · 송화 · 석류 · 잉금 · 잣
- 순무 · 무 · 냉이 · 마늘 · 부추 · 상황버섯 · 인삼
- 오미자 · 천초 · 초 · 엿기름 · 엿

5) 열(熱)한 식품

- 볶은 참깨 · 볶은 두부
- 염소(대열) · 염소뼈 · 돼지심장
- 복숭아 · 호두
- 생강 과육 · 파의 푸른 부분 · 마늘 · 부추
- 찹쌀술

6) 량(凉)한 식품

- 찹쌀
- 오리 · 돼지고기
- 게 · 조개
- 배추

7) 미한(微寒) 식품

- 팥 · 좁쌀 · 찹쌀 · 찰기장쌀 · 밀 · 보리 · 겉보리 · 쌀보리 · 율무
- 붉은 수탉 · 꿩
- 우유
- 사삼(더덕) · 작설차

8) 대온(大溫) 식품

- 후추

9) 미온(微溫) 식품

- 붉은 수탉 · 흰 수탉 · 검은 수탉 · 돼지위 · 돼지내장
- 생강 · 도라지 · 인삼 · 연꽃
- 백매 · 오매 · 오시
- 메기

10) 미열(微熱) 식품

- 복분자

11) 대열(大熱) 식품

- 계피 · 계지 · 계심 · 육계

3. 식품의 미(味)

1) 단맛[甘] 식품

- **곡류**   겉보리 · 밀 · 밀가루국수 · 찰기장쌀 · 멥쌀 · 찹쌀 · 율무 · 완두 · 녹두녹
  말가루 · 녹두 · 메밀 · 메밀가루 · 좁쌀미수가루 · 팥 · 콩가루
- **수류**   멧돼지 · 염소 · 염소간 · 염소뼈 · 영양 · 소고기 · 우황 · 우유 · 소머리 ·
  소골 · 소 내장 · 소의 양 · 천엽 · 소뼈
- **조류**   검은 암탉 · 누런 암탉 · 달걀 · 오리 · 검은 수탉 · 붉은 수탉
- **어류**   참조개 · 큰조개 · 가막조개 · 강요주 · 가리맛조개 · 홍합 · 새우 · 우렁
  이 · 대합 · 생선회 · 자가사리 · 미꾸라지 · 뱅어 · 연어 · 송어 · 낙지 · 문
  어 · 복어 · 홍어 · 광어 · 가자미 · 메기 · 농어 · 숭어 · 조기 · 쏘가리 · 뱀
  장어 · 붕어 · 잉어
- **채소류** 송이버섯 · 석이버섯 · 표고버섯 · 상황버섯 · 나무버섯 · 단박 · 콩나물 ·
  고사리 · 미나리 · 가지 · 냉이 · 죽순 · 배추 · 무 · 순무 · 아욱 · 연밥
- **과일류** 참외 · 수박 · 은행 · 잣 · 호두 · 잉금 · 배 · 석류 · 용안 · 여지 · 홍시 · 백
  시 · 오시 · 복분자 · 포도 · 대추 · 유자 · 감자 · 귤
- **조미료** 메주
- **기타**   송화 · 계피 · 계심 · 육계 · 계지 · 인삼 · 꿀 · 요구르트 · 두부 · 엿 · 밀누
  룩 · 엿기름

2) 신맛[酸] 식품

- **곡류**   팥
- **수류**   토끼

- 조류　검은 암탉 · 누런 암탉 · 꿩 · 흰 수탉 · 검은 수탉
- 어류　오징어
- 채소류　부추
- 과일류　사과 · 배 · 석류 · 복숭아 · 용안 · 여지 · 오매 · 백매 · 매실 · 복분자 · 포도 · 귤
- 조미료　장(두장) · 초
- 기타　오미자 · 요구르트

3) 매운맛[辛] 식품

- 수류　멧돼지 · 토끼 · 사향
- 채소류　부추 · 마늘 · 파밑동 · 도라지 · 무 · 토란
- 과일류　귤껍질
- 조미료　후추 · 천초 · 들깨 · 생강
- 기타　계피 · 계심 · 육계 · 계지 · 팥꽃

4) 짠맛[鹹] 식품

- 곡류　쌀보리 · 보리 · 쌀보리가루 · 좁쌀 · 대두
- 수류　돼지고기 · 돼지머리 · 돼지간 · 돼지심장 · 돼지허파 · 돼지콩팥 · 돼지위
- 조류　누런 암탉
- 어류　조개 · 게 · 대구
- 해조류　김 · 다시마 · 미역
- 과일류　밤
- 조미료　장(두장) · 메주

- 기타   엿기름

5) 쓴맛[苦] 식품

- 곡류   찹쌀 · 좁쌀싹
- 수류   돼지고기 · 돼지머리 · 돼지간 · 돼지심장 · 돼지허파 · 돼지콩팥 · 돼지
          위 · 소담낭 · 사향
- 채소류   도라지 · 사삼(더덕) · 씀바귀 · 상치
- 과일류   귤껍질
- 조미료   메주
- 기타   작설차 · 칡뿌리 · 오미자 · 인삼 · 찹쌀술

제 4 장

『식료찬요』를
통해서 본 찬품 조리[31)

곡류 | 수조육류 | 어패류 | 채소류 | 실과류

1. 대두(大豆)

1) 음청 1

治卒風不得語大豆煮汁如飴或濃煮食之

갑자기 중풍[32]에 걸려 말을 하지 못하는 것을 치료하려면 대두를 엿과 함께 삶아 그 즙을 먹거나 혹은 진하게 삶아 먹는다.

재료

대두	2컵
물	12컵

대두(平)[33]
0

1 대두를 깨끗이 씻어서 9시간 이상 물에 충분히 불린다.

2 냄비에 1의 대두를 담고 분량의 물을 붓고 불에 올려서 끓인다. 처음에는 불을 세게 하고 끓어오르면 불을 약하게 줄여서 콩이 완전히 퍼지도록 서서히 오랫동안 끓여 조린다.

3 2를 베보자기로 밭친다.

---

31) 全循義, 『食療纂要』, 1460 : 농촌진흥청, 『食療纂要』, 2004 : 『식료찬요』에 기술된 재료에 대한 분량을 환산하기 위하여 1홉(合)=60cc(1/4컵), 1되(升)=600cc(2 1/2컵)로 하여, 1컵(240cc)=16큰술, 1큰술=3작은술로 하였으며, 1전(錢)=4g, 1냥(兩)=40g, 1근(斤)=640g으로 하였다(김상보, 『조선왕조 궁중연회식 의궤음식의 실제』, 수학사, 1995 : 김상보, 『조선왕조 궁중떡』, 수학사, 2006 : 김상보, 『다시 보는 조선왕조 궁중음식』, 수학사, 2011).

32) 풍(風) : 정신작용·근육신축·감각 등에 고장이 생긴 병을 말한다. 다음의 3종류가 있다.
　전풍(癲風) : 어루러기
　중풍(中風) : 전신이나 반신 또는 팔·다리가 마비되는 병이다. 일반적으로 뇌일혈로 말미암아 생긴다. 뇌 또는 척수의 기질적 변화가 원인으로 반신불수, 팔·다리의 마비, 수전증, 무력증, 도한, 유뇨 등이 동반된다.
　비풍(非風) : 동맥경화 등에 의하여 또는 환자의 체질로 인하여 생긴 중풍증이다.

33) 성(性)이 평(平)한 것은 0, 온(溫)한 것은 +1, 열(熱)한 것은 +2, 대열(大熱)은 +3, 냉(冷)한 것은 -1, 한(寒)한 것은 -2, 대한(大寒)은 -3으로 표시함.

대한(大寒)	한(寒)	냉(冷)	평(平)	온(溫)	열(熱)	대열(大熱)
-3	-2	-1	0	+1	+2	+3

34) 12경(經)은 다음과 같다.

수태음(手太陰) 폐경(肺經)	수소음(手少陰) 심경(心經)	수궐음(手厥陰) 심포경(心包經)
족태음(足太陰) 비경(脾經)	족소음(足少陰) 신경(腎經)	족궐음(足厥陰) 간경(肝經)
수양명(手陽明) 대장경(大腸經)	수태양(手太陽) 소장경(小腸經)	수소양(手少陽) 삼초경(三焦經)
족양명(足陽明) 위경(胃經)	족태양(足太陽) 방광경(膀胱經)	족소양(足少陽) 담경(膽經)

◉ 약선(藥膳) 적용

대두　성(性)은 평(平), 미(味)는 감(甘)하다.

효능 : 12경(經)[34]을 돕는다. 번열(煩熱, 흉부에 열감이 있고 고통스러운 증세)을 없앤다.

성이 한쪽으로 기운 것은 장기간 먹을 수 없지만, 성이 평(平)하고 미가 담백[甘]한 것은 토기(土氣)의 성질을 갖고 있기 때문에 인체에 부합되어 오랫동안 먹어도 본상지기(本常之氣)를 유지한다. 대두가 바로 평하고 담백한 식품이다. 따라서 장기간 먹어도 좋은 최상품의 약선 재료가 된다. 이 음청은 장기간 먹어도 좋다.

◉ **효능**　말을 하지 못하는 급성 중풍 치료

2) 음청 2

治脇痛如打大豆一升炒令焦以酒二升煮令沸熟取酒飮醉妙

맞은 것처럼 옆구리가 결리고 아픈 증세를 치료하려면 대두 1되를 탈 정도로 볶고 여기에 술 2되를 합하여 삶아 끓여 익힌다. 술을 취(取)하여 취하도록 마시면 신기하게 낫는다.

재료

대두	2 1/2컵
술	5컵

대두(평)	술(대열)
0	+3

1 대두를 깨끗이 씻어서 9시간 이상 충분히 물에 불린 다음 체에 밭쳐 물기를 뺀다.

2 팬에 1의 대두를 담아 나무주걱으로 저어주면서 타도록 볶는다.

3 냄비에 2와 분량의 술을 합하여 불에 올려서 끓인다. 처음에는 불을 세게 하고 끓어 오르면 불을 약하게 줄여서 끓인다. 완성되면 식힌다.

4 3의 술을 취하여 마신다.

◉ 약선 적용

대두   성은 평, 미는 감하다.

효능 : 12경을 돕는다.

술   성은 대열(大熱), 미는 감 · 고(苦)하다.

효능 : 혈맥을 통하게 한다. 악독기(惡毒氣)를 죽인다. 약세(藥勢)를 행한다.

대두의 성은 평, 술의 성은 대열(大熱)이므로, 대두에 술을 화합하여 만든 이 음식은 장기간 먹어서는 안 되는 단기간 치료식이다.

◉ **효능**   옆구리가 결리고 아픈 중증 증세

3) 음청 3

治脚氣衝心心燔悶亂不識人大豆一升水三升濃煮取汁服半升如未定可更服半升卽定

각기충심[35]으로 인하여 마음이 번민[36]하고 사람을 알아보지 못하는 것을 치료하려면 대두 1되에 물 3되를 넣고 진하게 끓여 그 즙을 반 되 마신다. 만약 진정되지 않으면 다시 반 되를 마신다. 그러면 즉시 진정된다.

재료

대두	2 1/2컵
물	7 1/2컵

대두(平)
0

1 대두를 깨끗이 씻어서 9시간 이상 물에 충분히 불린다.

2 냄비에 1의 대두를 담고 분량의 물을 부어 불에 올려서 끓인다. 처음에는 불을 세게 하고 끓어오르면 불을 약하게 줄여서 콩이 완전히 퍼지도록 서서히 오랫동안 끓여 조린다.

3 2를 베보자기로 밭쳐 1 1/4컵을 마신다.

---

35) 각기충심(脚氣衝心) : 각기로 인하여 가슴이 치받쳐 숨이 가쁘고 속이 답답해지는 증상.
36) 번민(煩悶) : 마음이 번거롭고 답답하여 괴로워함.

◉ 약선 적용

대두　성은 평, 미는 감하다.

　　　효능 : 번열을 없앤다.

◉ **효능**　각기충심으로 인한 번민

4) 음청 4

治脚氣心煩脚弱頭目眩冒痺濕筋急黑豆二升炒熟投酒一斗中密覆經宿飮之
각기가 있으면서 심번 증상과 다리가 약한 증상 및 두목현모[37]・비습근급[38]을 치료
하려면 검은콩 2되를 볶아 익혀서 술 1말에 넣어 밀봉한 다음 하룻밤 지나고서 마
신다.

재료

검은콩	5컵
술	25컵

검은콩(평)	술(대열)
0	+3

1 검은콩을 깨끗이 씻어서 9시간 이상 충분히 물에 불린 다음
　체에 밭쳐 물기를 뺀다.

2 팬에 1의 대두를 담아 나무주걱으로 저어주면서 볶아 익힌다.

3 준비한 술에 2를 합하여 그릇에 담고 밀봉하여 하룻밤 재워
　둔다.

4 3의 술을 취하여 마신다.

◉ 약선 적용

검은콩　성은 평, 미는 감하다

　　　효능 : 습비(뼈마디가 쑤시고 저림)를 다스린다. 번열을 없앤다. 신장을 튼튼히
　　　한다.

---

37) 두목현모(頭目眩冒) : 머리가 어지럽고 현기증이 남.
38) 비습근급(痺濕筋急) : 근육이 저리고 수축되어 잘 펴지지 않는 증상.

● 효능　　각기에 심번, 두목현모, 비습근급

5) 분말

健脾胃大豆炒末常食之

비위를 건강하게 하려면 대두를 볶아 가루로 만들어 항상 먹는다.

재료

대두　　　　　2 1/2컵

대두(평)
0

1 대두를 깨끗이 씻어서 체에 밭쳐 물기를 뺀다.

2 팬에 1의 대두를 담아 약한불에서 나무주걱으로 저어주면서 볶는다.

3 2를 블렌더로 갈아서 체에 내린다.

4 3을 매일 수시로 먹는다.

● 약선 적용

대두　성은 평, 미는 감하다.

효능 : 위장을 따뜻하게 한다.

대두의 성은 평, 미는 담백하므로 장기간 먹어도 본상지기를 유지한다. 따라서 오랫동안 먹을 수 있다.

● 효능　　비위의 건강

2. 멥쌀[粳米]³⁹⁾

1) 밥

主止泄粳米作飯及粥食之過熟佳

설사를 멎게 하려면 멥쌀로 밥이나 죽을 만들어 먹는다. 무르게 익히면 좋다.

止痢白者冷氣所發赤者熱氣所發粳米作飯及粥食過熟佳

냉기성 이질인 백색이질과 열기성 이질인 적색이질을 멎게 하려면 멥쌀로 밥이나
죽을 만든다. 무르게 익히면 좋다.

재료

멥쌀	3컵
밥물	3 l/3컵

멥쌀(평)
0

1 쌀을 씻어서 소쿠리에 건져 물기를 뺀다.

2 솥에 쌀을 담고 밥물을 부어 센불에서 끓인다.

3 한번 끓어오르면 뭉근한 불에서 익힌다. 쌀알이 완전히 퍼
지면 불을 아주 약하게 줄여서 10분간 뜸을 들인다.

◉ 약선 적용

멥쌀 성은 평, 미는 감하다.

효능 : 이질을 멈추게 한다.

멥쌀의 성은 평, 미는 담백하므로 장기간 먹어도 본상지기를 유지한다. 장
기간 먹을 수 있는 약선 중의 약선이다.

◉ **효능** 설사, 냉기성 이질과 열기성 이질

---

39) 약선용 멥쌀은 서리가 내린 뒤에 거둔 늦은 멥쌀이 좋다. 일찍 수확한 것은 그 다음이다.

2) 죽

재료

멥쌀   1컵

물   6컵

멥쌀(평)

0

1 쌀을 씻어서 소쿠리에 건져 물기를 뺀다.

2 바닥이 두터운 냄비에 1의 쌀과 분량의 물을 합하여 약간 센 불에서 끓인다.

3 한번 끓어오르면 불을 약하게 하고 나무주걱으로 저어주면서 쌀알이 푹 퍼지도록 서서히 끓인다.

◉ **약선 적용**

멥쌀   성은 평, 미는 감하다.

          효능 : 기운을 북돋운다.

◉ **효능**   고독 치료

3) 미음

主心痛止渴粳米汁溫冷任服之

심통⁴¹⁾을 치료하고 갈증을 멈추게 하려면 멥쌀미음을 따뜻하거나 차갑게 하여 임의대로 복용한다.

斷熱毒痢米汁任服之

열독으로 인한 설사를 멎게 하려면 멥쌀미음을 임의대로 복용한다.

---

40) 고독(蠱毒) : 인간의 몸속에 기생할 수 있는 맹독성 벌레인 고로 인한 독.
41) 심통(心痛) : 가슴과 명치가 아픈 증상.

재료

멥쌀	1/2컵
물	5컵

멥쌀(평)
0

1 쌀을 씻어서 소쿠리에 건져 물기를 뺀다.

2 바닥이 두터운 냄비에 1의 쌀과 분량의 물을 합하여 약간 센 불에서 끓인다.

3 한번 끓어오르면 불을 약하게 하고 나무주걱으로 저어주면서 쌀알이 폭 퍼지도록 1시간 이상 끓인다.

◉ **약선 적용**

멥쌀   성은 평, 미는 감하다.

효능 : 번(煩)을 없앤다.

◉ **효능**   심통과 갈증 치료

4) 음청

治鼻血不止稻米微炒黃爲末每以新汲水調下二錢

코피가 멎지 않는 것을 치료하려면 멥쌀을 약간 누렇게 볶아 분말로 만들어 매번 새로 떠온 물에 2돈씩 타서 먹는다.

재료

멥쌀	2컵
물	

멥쌀(평)
0

1 쌀을 씻어서 소쿠리에 건져 물기를 뺀다.

2 팬에 1을 담아 뭉근한 불에서 나무주걱으로 뒤적여가면서 누렇게 볶아 익힌다.

3 2를 맷돌블렌더에 갈아 가루로 만든다.

4 물 한 컵에 3의 가루를 8g씩 타서 마신다.

◉ **약선 적용**

멥쌀   성은 평, 미는 감하다.

효능 : 번(煩)을 없앤다.

◉ **효능**   멎지 않는 코피

3. 멥쌀과 도토리[橡實]

1) 죽

治泄及赤白痢橡實熟煮水浸去澁味待乾末碎米等分先煮米臨熟入橡末作粥和

蜜空心食之

설사 및 적색이질·백색이질을 치료하려면 도토리를 푹 삶아 물에 담가 떫은맛을
제거한 다음 말려서 분말로 만들어 굵게 분쇄한 쌀과 같은 분량으로 나눈다. 먼저
쌀을 끓이고 익으려고 할 때 도토리가루를 넣어 죽을 만든다. 꿀을 넣어 공복에 복
용한다.

재료

멥쌀가루	1컵
도토리가루	1컵
물	6컵
꿀	1컵

멥쌀(평)	도토리(온)	꿀(평)
0	+1	0

1 도토리는 푹 삶아 물에 담가서 떫은맛을 제거한 다음 햇볕에
   말려 분말로 만들어서 1컵을 준비한다.

2 바닥이 두터운 냄비에 물을 담고 여기에 분량의 쌀가루를 합
   하여 약간 센불에서 끓인다.

3 한번 끓어오르면 불을 약하게 하고 나무주걱으로 저어주면서
   서서히 끓인다. 거의 다 익었을 때 도토리가루를 넣어 익힌다.

4 냄비에 꿀 1컵을 담아 약한불에 올려 한소끔 끓인 후 식힌다.

5 3의 죽을 그릇에 담고 4의 꿀을 넣어 공복에 복용한다.

◉ **약선 적용**

   멥쌀   성은 온, 미는 감하다.

효능 : 설사를 멈추게 한다. 위기(胃氣)를 건강하게 한다.

도토리 성은 온, 미는 고(苦, 쓴맛)하다.

효능 : 설사를 멎게 한다. 하리(이질)를 다스린다. 장과 위를 두텁게 한다.

꿀 성은 평 · 미온, 미는 감하다.

효능 : 장벽(腸癖, 장의 적취積聚)을 멎게 한다. 오장을 편히 한다. 여러 질병을 없앤다.

◉ **효능** 설사 및 적색이질과 백색이질

4. 멥쌀과 곶감[乾柿子]

1) 죽

治秋痢乾柿子若干研之煮米粥欲熟時下柿更三五沸令兒食之

추리[42]를 치료하려면 곶감 약간을 간다. 쌀을 삶아 죽을 만들고 익으려고 할 때 감을 넣는다. 다시 3~5번 끓으면 아이에게 먹인다.

治耳聾及鼻不聞香臭乾柿三枚細切粳米三合於柿汁中煮粥空腹食之

이롱 및 코로 냄새를 맡지 못하는 것을 치료하려면 곶감 3개를 잘게 썬다. 멥쌀 3홉을 곶감에 넣고 죽을 끓여 공복에 먹는다.

---

42) 추리(秋痢) : 흰 농만 나오면서 배가 아픈 이질. 독리(毒痢)라고도 함.

재료

멥쌀	3/4컵
곶감	3개
물	5컵

멥쌀(평)	곶감(평)
0	0

1 쌀을 씻어서 소쿠리에 건져 물기를 뺀다.

2 곶감을 잘게 썬다.

3 바닥이 두터운 냄비에 1과 분량의 물을 합하여 약간 센불에 서 끓인다.

4 한번 끓어오르면 불을 약하게 하여 나무주걱으로 저어주면 서 쌀알이 푹 퍼지도록 서서히 끓인다. 거의 익으려고 할 때 2의 곶감을 넣는다. 3~5번 끓으면 아이에게 먹인다.

◉ **약선 적용**

멥쌀 성은 평, 미는 감하다.

효능 : 설사를 멎게 한다. 위기를 건강하게 한다.

곶감 성은 평, 미는 감하다.

효능 : 비위를 건강하게 한다. 장·위를 건강하게 한다. 숙식(宿食)을 소화한 다. 숙혈(宿血)을 없앤다.

◉ **효능** 소아의 추리, 귀머거리와 냄새를 맡지 못하는 코맹맹이 치료

5. 멥쌀과 우엉[牛蒡根]

1) 수제비

治老人中風口目瞤動煩悶不安牛蒡根去皮切一升曝乾杵爲粉白米四合淨淘研 以牛蒡粉和麪作餺飥內豉汁中煮加葱椒五味朧頭空心食之恒服極效

노인이 중풍에 걸려 입과 눈이 떨리고 번민[43]하며 불안한 것을 치료하려면 껍질 을 벗겨 썬 우엉 1되를 햇빛에 말려서 절구에 담아 찧어 분말로 만든다. 멥쌀 4

홉을 깨끗이 씻어서 갈아 우엉분말과 합하여 반죽해서 수제비를 만든다. 된장국 물에 넣고 삶되 파·산초·양념·곰국을 넣어 공복에 먹는다. 항상 복용하면 극히 효과가 좋다.

재료

① 멥쌀가루　　2컵
　우엉분말　　2컵
　물　　3/4컵
　소머리곰국　　8컵
② 산초가루　1/4작은술
　다진 파　　1큰술
　된장　　2 1/2큰술

멥쌀(평)	우엉(온)	곰국(온)
0	+1	+1
양념		
산초(열)	총백(한)	된장(한)
+2	-2	-2

1 우엉은 껍질을 벗기고 얇게 썰어 바싹 말린 다음 곱게 갈아 분말로 만들어 놓는다.

2 1에 ①의 멥쌀가루를 합하여 체에 친다.

3 2에 ①의 물을 넣고 반죽한다.

4 소머리를 넣고 푹 끓인 곰국을 분량만큼 냄비에 덜어 끓인다.

5 4가 끓을 때 3의 반죽을 얇게 떼어넣고 ②의 양념을 합하여 끓인다. 수제비가 익어서 위로 떠오르면 잠시 더 끓여서 탕 그릇에 담아낸다.

6 공복에 먹는다.

◉ 약선 적용

멥쌀　성은 평, 미는 감하다.

　　　효능 : 번(煩)[44]을 없앤다.

우엉　성은 온, 미는 감 또는 신(辛, 매운맛)하다.

　　　효능 : 중풍을 다스린다.

산초　성은 열, 미는 신하다.

　　　효능 : 한습비통을 다스린다.

총백(파 밑동)　성은 한, 미는 신하다.

　　　　효능 : 중풍을 다스린다. 상한의 한열을 다스린다.

---

43) 36)참조
44) 번(煩) : 흉부(가슴)에 열감이 있고, 고통스러운 증세.

제4장 ● 『식료찬요』를 통해서 본 찬품 조리　**89**

된장   성은 한, 미는 감·함(鹹, 짠맛)하다.

효능 : 장기(瘴氣)를 다스린다. 가슴 속의 번(煩)을 다스린다.

주재료인 멥쌀·우엉·곰국에서 멥쌀만 평하고, 우엉과 곰국이 온(溫)하므로 양념으로 산초·총백·된장을 넣어 평하게 하고자 하였다. 이러한 방법으로 조리해야만 장기간 복용할 수 있기 때문이다. 양념의 역할은 치료 목적 외에도 조리된 음식을 평(平)하게 하여 본상지기를 유지하게 하는 데 있다.

◉ **효능**   번민과 불안이 함께 있는 노인성 중풍

2) 죽

治小兒心藏風熱煩燥恍惚皮膚生瘡牛蒡根研取汁三合以白米一合煮粥熟投汁調和食之

소아의 심장에 풍열이 있어 번조[45]하고 정신이 황홀하며 피부에 부스럼이 생기는 것을 치료하려면 우엉을 갈아 그 즙을 3홉 취한다. 멥쌀 1홉을 끓여 죽으로 만든다. 익으면 우엉즙을 넣고 잘 섞어 먹는다.

재료

멥쌀	1/4컵
우엉즙	3/4컵
물	1 1/4컵

멥쌀(평)	우엉(온)
0	+1

1 쌀을 씻어서 소쿠리에 건져 물기를 뺀다.

2 우엉은 껍질을 벗기고 갈아서 분량의 즙을 만든다.

3 바닥이 두터운 냄비에 1의 쌀과 분량의 물을 합하여 넣고 약간 센불에서 끓인다.

4 한번 끓어오르면 불을 약하게 하고 나무주걱으로 저어주면서 쌀알이 푹 퍼지도록 서서히 끓인다. 거의 익었을 때 2의 우엉즙을 넣고 잘 섞는다.

---

45) 번조(煩燥) : 신열(身熱)이 나서 손과 발을 가만히 두지 못하는 증세.

◉ **약선 적용**

멥쌀 성은 평, 미는 감하다.

효능 : 번(煩)을 없앤다.

우엉 성은 온, 미는 감 또는 신하다.

효능 : 면종(面腫)을 다스린다. 열중소갈(熱中消渴)을 다스린다.

◉ **효능** 심장풍열성 번조, 부스럼

6. 멥쌀 · 연밥[蓮子] · 꿀[淸蜜]

1) 죽

治口噤赤白痢蓮子去膜留心末碎米等分先煮米臨熟入蓮末作粥和小熟蜜空心食之

구금[46] 및 적색이질·백색이질을 치료하려면 껍질을 벗기고 속만 남긴 연밥으로 가루를 만들어서 굵게 분쇄한 쌀과 같은 분량으로 나눈다. 먼저 쌀을 끓여서 익으려고 할 때, 연밥가루를 넣어 죽을 만든다. 약간 졸여 익힌 후 꿀을 넣고 공복에 먹는다.

---

46) 구금(口噤) : 입을 벌리지 못하여 말을 하지도, 먹지도 못하는 증상.

재료

멥쌀가루	1컵
연밥가루	1컵
물	6컵
꿀	1컵

멥쌀(평)	연밥(평)	꿀(평)
0	0	0

1 바닥이 두터운 냄비에 물을 담고 여기에 멥쌀가루를 합하여 약간 센불에서 끓인다.

2 한번 끓어오르면 불을 약하게 하고 나무주걱으로 저어주면서 서서히 끓인다. 거의 다 익었을 때 연밥가루를 넣어 익힌다.

3 냄비에 분량의 꿀을 담아 약한불에 올려놓고 한소끔 끓여 식힌다.

4 2의 죽을 그릇에 담고 3의 꿀 1큰술을 넣는다.

5 공복에 먹는다.

◉ **약선 적용**

멥쌀 성은 평, 미는 감하다.

효능 : 이질을 멈추게 한다.

연밥 성은 평, 미는 감하다.

효능 : 오장을 보한다. 설사를 다스린다.

꿀 성은 평, 미는 감하다.

효능 : 배 안에 뭉쳐 있는 적취를 없앤다. 여러 질병을 없앤다. 오장을 편히 한다. 비기(脾氣)를 기른다.

◉ **효능** 구금, 적색이질, 백색이질

7. 멥쌀과 연밥

1) 죽

益耳目補中强志嫩蓮實半兩去皮細切粳米三合先煮蓮實令熟次以粳米作粥候熟熱食

귀와 눈에 도움이 되며 속을 보하고 의지를 강하게 하려면 어린 연밥 반냥을 껍질을 벗겨 잘게 썰고 멥쌀 3홉을 준비한다. 먼저 연밥을 끓여 익으면 멥쌀을 넣어 죽을 만든다. 익기를 기다려 뜨거울 때 먹는다.

재료

멥쌀	3/4컵
어린 연밥	20g
물	5컵

멥쌀(평)	연밥(평)
0	0

1 쌀을 씻어서 소쿠리에 건져 물기를 뺀다.

2 어린 연밥의 껍질을 벗겨 잘게 썬다.

3 바닥이 두터운 냄비에 2를 담고 물을 합하여 약간 센불에서 끓인다. 한번 끓어오르면 불을 약하게 하여 뭉근한 불에서 어린 연밥을 익힌다.

4 3의 연밥이 익으면 1의 쌀을 넣고 불을 약하게 하여 나무주걱으로 저어주면서 쌀알이 푹 퍼지도록 서서히 끓인다.

5 뜨거운 동안에 먹는다.

◉ **약선 적용**

멥쌀 성은 평, 미는 감하다.

효능 : 기운을 북돋운다.

연밥 성은 평, 미는 감하다.

효능 : 기력을 기른다. 오장을 보한다. 신(神)을 더한다.

◉ **효능** 귀와 눈을 밝히고, 속을 보하면서 의지를 강하게 함

8. 멥쌀과 호두[胡桃]

1) 죽

治石淋便中有石子者胡桃肉一升研細米煮作粥一升和服卽差

석림[47]으로 소변에 돌 같은 것이 섞여 나오는 것을 치료하려면 호두속살 1되를 간다. 곱게 분쇄한 멥쌀을 끓여 죽 1되를 만들어서 호두가루를 합하여 복용하면 즉시 차도가 있다.

재료

멥쌀가루	1컵
호두속살	2 1/2컵
물	3컵

멥쌀(평)	호두(평)
0	0

1 바닥이 두터운 냄비에 쌀과 물을 합하여 약간 센불에서 끓인다.

2 한번 끓어오르면 불을 약하게 하고 나무주걱으로 저어주면서 서서히 끓인다.

3 호두의 껍데기를 까서 속살을 가루로 만든다.

4 2의 죽에 3의 호두속살가루를 1:1로 합하여 먹는다.

◉ **약선 적용**

멥쌀   성은 평, 미는 감하다.

효능 : 속을 따뜻하게 한다. 기운을 북돋운다.

호두   성은 평·열, 미는 감하다.

효능 : 혈맥을 붙게 한다. 경맥을 통한다.

◉ **효능**   석림

---

47) 석림(石淋) : 음경 속이 아프면서 소변에 모래나 잔돌 같은 것이 섞여 나오는 증상.

9. 멥쌀과 흰 오리[白鴨]

1) 찜

治水氣脹滿浮腫白鴨一隻去毛腸湯洗饋飯半斤以生薑椒釀鴨腹中縫定如法蒸候熟食之

수기로 인한 창만[48]과 부종을 치료하려면 흰 오리 1마리의 털과 내장을 제거하여 씻는다. 고두밥 반 근에 생강·산초를 합하여 버무려 오리 뱃속에 넣고 보통 요리하는 방법대로 꿰맨다. 쪄서 익기를 기다렸다가 먹는다.

治小便澁少白鴨一隻去毛腸湯洗饋飯半斤以飯薑椒釀鴨腹中繫定如法蒸候熟食之

소변삽소[49]를 치료하려면 흰 오리 1마리의 털과 내장을 제거하여 씻는다. 고두밥 반 근에 생강·산초를 합하여 버무려 오리 뱃속에 넣고 보통 요리하는 방법대로 묶는다. 쪄서 익기를 기다렸다가 먹는다.

治小兒頭瘡白鴨一隻去毛腸湯洗饋飯半斤 以飯薑椒釀鴨腹中繫定如法蒸候熟食之

소아의 머리에 있는 부스럼을 치료하려면 흰 오리 1마리의 털과 내장을 제거하여 씻는다. 고두밥 반 근에 생강·산초를 합하여 버무려 오리 뱃속에 넣고 보통 요리하는 방법대로 꿰맨다. 쪄서 익기를 기다렸다가 먹는다.

治小兒熱驚癎白鴨一隻去毛腸湯洗饋飯半斤飯薑椒釀鴨腹中縫定如法蒸候熟食之

소아의 열경간[50]을 치료하려면 흰 오리 1마리의 털과 내장을 제거하여 씻는다. 고두밥 반 근에 생강·산초를 합하여 버무린 다음 오리 뱃속에 넣고 보통 요리하는 방법대로 꿰맨다. 쪄서 익기를 기다렸다가 먹는다.

재료

㉠ 되게 찐 밥　　　320g
　흰 오리　　　　　1마리
㉡ 다진 생강　　　2작은술
　산초가루　　　1/4작은술

멥쌀(평)	흰 오리(냉)
0	-1

양념	
생강(온)	산초(열)
+1	+2

1　쌀 2컵을 씻어서 소쿠리에 건져 물기를 뺀 다음 찜통에 담아 쪄내어 320g을 취해 놓는다.

2　털을 제거하여 깨끗이 씻은 흰 오리는 꼬리 쪽을 조금 갈라서 내장을 빼내고 다시 깨끗이 씻어서 물기가 잘 빠지도록 세워둔다.

3　1의 고두밥에 ㉡의 양념을 합한다.

4　2의 오리 뱃속에 3의 밥을 넣고 갈라진 자리를 대꽂이로 꿰서 고정시킨다.

5　4를 찜통에 담아 쪄낸다.

◉ 약선 적용

멥쌀　성은 평, 미는 감하다.

　　　효능 : 기운을 북돋운다. 속을 따뜻하게 한다. 번(煩)을 없앤다.

흰 오리　성은 량(涼), 미는 감하다.

　　　효능 : 수기(水氣)로 배가 그득하고 부종이 있는 것을 치료한다. 소변이 잘 나오지 않는 것을 치료한다. 오장의 열을 푼다. 열갈(熱渴)을 다스린다.

생강　성은 미온, 미는 신하다.

　　　효능 : 하기(下氣)한다. 한랭을 다스린다.

◉ 효능

수기로 인한 창만과 부종, 소변삽소, 소아 머리의 부스럼, 소아의 열경간

---

48) 창만(脹滿) : 복강 안에 액체가 괴어 배가 몹시 팽창하는 일.
49) 소변삽소(小便澁少) : 소변이 시원하게 나가지 않으면서 적게 보는 증상.
50) 열경간(熱驚癎) : 열로 인한 급성 경풍.

10. 멥쌀과 뱀장어

1) 죽

治瘰瘍風可長服之鰻鯉魚和五味以米煮食之兼治一切風疾

역양풍[51]을 치료하려면 양념을 한 뱀장어에 쌀을 넣고 끓여 오랫동안 장복한다. 겸하여 모든 풍질[52]을 치료할 수 있다.

治女人帶下一切風疾鰻鱺魚和五味以米煮食之

여자의 대하와 일체의 풍질을 치료하려면 양념을 한 뱀장어에 쌀을 넣고 끓여 먹는다.

治濕脚氣鰻鱺魚和五味以米煮食之最爲良

습각기를 치료하려면 양념을 한 뱀장어에 쌀을 넣고 끓여 먹는 것이 가장 좋은 방법이다.

재료

㉠	멥쌀	1컵
	뱀장어	1마리(250g)
	물	6컵
	소금	
㉡	다진 파	1큰술
	다진 생강	2작은술
	간장	2큰술
	산초가루	1/4작은술

멥쌀(평)	뱀장어(한)
0	-2

양념			
파(평)	생강 (미온)	산초 (열)	간장 (냉)
0	+1	+2	-1

1 쌀은 씻어서 소쿠리에 건져 물기를 뺀다.

2 뱀장어의 등쪽에 칼을 넣어 한 장으로 펴고 내장을 제거한 다음 뼈를 발라내고 잘게 썬다.

3 2에 ㉡의 양념을 합하여 버무린다.

4 바닥이 두터운 냄비를 불에 올려놓고 3의 뱀장어를 넣고 볶다가 1의 쌀을 넣고 함께 잠시 더 볶아서 ㉠의 물을 부어 약간 센불에서 끓인다.

5 한번 끓어오르면 불을 약하게 하고 나무주걱으로 저어주면서 쌀알이 푹 퍼지도록 서서히 끓인다.

6 개인의 식성에 따라 소금을 곁들인다.

◉ **약선 적용**

멥쌀 성은 평, 미는 감하다.

효능 : 기운을 북돋운다.

뱀장어 성은 한 · 평, 미는 감하다.

효능 : 오장의 허손(虛損)을 보한다. 노채(勞瘵)[53]를 다스린다. 악창(惡瘡)을 다스린다.

간장 성은 냉, 미는 함(鹹, 짠맛)하다.

효능 : 어육과 채소독을 죽인다.

파 성은 평, 미는 신하다.

효능 : 중풍을 다스린다. 각기를 고친다. 간사(肝邪)를 없앤다.

생강 성은 미온, 미는 신하다.

효능 : 풍한과 습기를 없앤다.

산초 성은 열, 미는 신하다.

효능 : 한습비통을 다스린다. 어독(魚毒)을 다스린다. 허리와 무릎을 따뜻하게 한다.

◉ **효능** 역양풍, 습각기, 여성의 대하와 중풍질환

---

51) 역양풍(癧瘍風) : 피부 각질층에만 기생하는 곰팡이에 의하여 생기는 어루러기. 피부곰팡이증.
52) 풍질(風疾) : 중풍질환.
53) 노채(勞瘵) : 허로질환.

11. 멥쌀 · 된장[豉] · 총백(葱白)

1) 죽

治勞熱喘吸四肢煩痛及辟朝露豉二合葱白一握兼糲米二合水二升煮葱豉汁澄
濾投米煮稀粥空心食之

노열[54] · 천흡[55] · 사지번통[56]을 치료할 때에는 아침 이슬을 피하여야 한다. 된장 2
홉 · 총백 1주먹과 발아쌀 2홉을 준비한다. 물 2되에 파 · 된장을 넣고 끓여서 즙을
걸러낸다. 여기에 쌀을 넣고 다시 삶아 묽은 죽을 만들어 공복에 먹는다.

재료

멥쌀	1/2컵
된장	1/2컵
대파밑동(총백)	3뿌리
물	5컵

멥쌀(평)	된장(한)	총백(한)
0	-2	-2

1 쌀을 씻어서 소쿠리에 건져 물기를 뺀다.

2 냄비에 된장 · 대파밑동을 담고 준비한 물을 합하여 은근한
불에서 푹 끓인 다음 고운체로 밭친다.

3 냄비에 1 · 2를 합하여 담고 약간 센불에서 끓인다.

4 한번 끓어오르면 불을 약하게 하고 나무주걱으로 저어주면
서 쌀알이 푹 퍼지도록 서서히 끓인다.

◉ 약선 적용

멥쌀　성은 평, 미는 감하다.

　　　효능 : 번(煩)을 없앤다.

된장　성은 한, 미는 감하다.

　　　효능 : 관절을 통한다.

총백　성은 한(寒), 미는 신하다.

　　　효능 : 한열(寒熱)을 다스린다. 파와 함께 먹으면 발한이 가장 빠르다.

---

54) 노열(勞熱) : 허로로 인하여 생기는 열로 허열(虛熱)에 속함.
55) 천흡(喘吸) : 숨을 헐떡거림.
56) 사지번통(四肢煩痛) : 팔 · 다리가 괴롭고 아픈 증상.

상한(傷寒)성 한열(寒熱)이 생겼을 때 처방되는 단기간의 처방식이다.

● **효능**　노열, 천흡, 사지번통

12. 멥쌀 · 메주 · 총백 · 돼지콩팥[猪腎]

1) 죽 1

治産後虛羸喘乏乍寒乍熱病如虐狀名蓐勞猪腎一具去脂四破如無以羊腎代香
豉綿裹白粳米葱白各一升右四味以水三斗煮取五升去滓任性服之不差更作

출산 후에 속이 허하고 여위어 숨이 차며 추웠다 더웠다 하는 것이 마치 학질과 같
은 것을 욕로[57]라 한다. 이러한 증상을 치료하려면 돼지콩팥 1개의 기름을 제거하고
4등분한다. 만약 돼지콩팥이 없으면 양콩팥으로 대신한다. 천으로 싼 된장 · 멥쌀 ·
총백을 각각 1되씩 준비한다. 여기에 물 3말을 넣고 삶아 5되를 취한 다음 찌꺼기
를 없애고 편하게 복용한다. 차도가 없으면 다시 만들어 먹는다.

재료

멥쌀	2 1/2컵
된장	2 1/2컵
대파밑동(총백)	2 1/2컵
돼지콩팥	1개
물	75컵

1 쌀을 씻어서 소쿠리에 건져 물기를 뺀다.

2 돼지콩팥 1개의 기름과 껍질을 제거하여 4등분한다.

3 커다란 냄비에 1 · 2와 된장, 대파밑동을 합하여 준비한 물을
부어 약간 센불에서 끓인다.

---

57) 욕로(蓐勞) : 출산 후의 허로.

멥쌀 (평)	된장 (한)	총백 (한)	돼지콩팥 (한)
0	-2	-2	-2

4 3이 한번 끓어오르면 불을 약하게 하여 국물이 12 1/2컵이 될 때까지 서서히 끓인다.

5 4를 고운체에 밭친다.

6 편하게 먹는다.

◉ **약선 적용**

멥쌀　성은 평, 미는 감하다.

　　　효능 : 기운을 북돋운다. 속을 따뜻하게 한다.

된장　성은 한, 미는 감하다.

　　　효능 : 한열을 다스린다. 땀을 나게 한다. 학질을 다스린다.

총백　성은 한, 미는 신하다.

　　　효능 : 한열을 다스린다. 오장을 통리한다.

돼지콩팥　성은 한, 미는 감하다.

　　　효능 : 신기(腎氣)를 건강하게 한다. 허리와 무릎을 따뜻하게 한다. 방광을 통리한다.

◉ **효능**　출산 후 욕로

2) 죽 2

治脚氣腎虛腰脚無力猪腎一隻去脂膜米二合葱白切二合豉汁中作粥着椒薑任
性食之空心

각기와 신허[58]로 인한 요각무력[59]을 치료하려면 돼지콩팥 1개의 기름과 껍질을 제거하고 쌀 2홉과 썰어놓은 총백 2홉을 준비한다. 돼지콩팥·쌀·총백을 된장국물에 넣고 끓여 죽을 만들어서 산초·생강을 넣어 편하게 공복에 먹는다.

재료

㉠ 멥쌀	1/2컵
돼지콩팥	1개
대파밑동(총백)	1/2컵
물	3컵
된장	1큰술
㉡ 산초가루	1/4작은술
다진 생강	2작은술

멥쌀 (평)	총백 (한)	돼지콩 팥(한)	된장 (한)
0	-2	-2	-2

양념	
산초(열)	생강(온)
+2	+1

1 쌀을 씻어서 소쿠리에 건져 물기를 뺀다.

2 돼지콩팥의 기름과 껍질을 제거한 후 잘게 썬다.

3 바닥이 두터운 냄비에 ㉠의 물을 담고 된장을 푼다. 여기에 1·2, ㉠의 대파밑동을 넣고 약간 센불에서 끓인다.

4 한번 끓어오르면 불을 약하게 하고 나무주걱으로 저어주면서 쌀알이 푹 퍼지도록 서서히 끓인다. 거의 완성되었을 때 ㉡의 산초가루와 다진 생강을 넣는다. 한소끔 끓으면 완성된 것이다.

5 공복에 먹는다.

◉ **약선 적용**

멥쌀   성은 평, 미는 감하다.

효능 : 기운을 북돋운다.

총백   성은 한, 미는 신하다.

효능 : 각기를 고친다.

돼지콩팥   성은 한, 미는 감하다.

효능 : 신기(腎氣)를 건강하게 한다. 허리와 무릎을 따뜻하게 한다.

된장   성은 한, 미는 감하다.

효능 : 장기(瘴氣)를 다스린다.

산초   성은 열, 미는 신하다.

효능 : 허리와 무릎을 따뜻하게 한다.

생강   성은 온, 미는 신하다.

효능 : 기를 내린다.

◉ **효능**   각기와 신허로 인한 요각무력

---

58) 신허(腎虛) : 신장 허약.

59) 요각무력(腰脚無力) : 허리와 다리에 힘이 없음.

13. 멥쌀과 흰거위기름[白鵝脂]

1) 죽

治五臟器雍耳聾白鵝脂二兩粳米三合和煮粥調和五味葱豉空腹食之

오장의 기가 뭉쳐서 이롱[60]이 된 것을 치료하려면 흰거위기름 2냥과 멥쌀 3홉을 함께 끓여 죽을 만들고, 양념·파·된장을 넣어 공복에 먹는다.

재료

㉠ 멥쌀   3/4컵
   흰거위기름   80g
   물   5컵
   된장   1큰술
㉡ 다진 생강   2작은술
   다진 파   1큰술
   산초가루   1/4작은술

멥쌀 (평)	흰거위기름 (평)	된장 (한)
0	0	−2

양념		
생강(온)	파(평)	산초(열)
+1	0	+2

1 쌀을 씻어서 소쿠리에 건져 물기를 뺀다.

2 바닥이 두터운 냄비에 ㉠의 거위기름을 넣고 달구어지면 1의 쌀을 넣어 함께 볶는다. 여기에 ㉠의 물과 된장을 합하여 약간 센불에서 끓인다.

3 한번 끓어오르면 불을 약하게 하고 나무주걱으로 저어주면서 쌀알이 푹 퍼지도록 서서히 끓인다. 거의 완성되었을 때 ㉡의 양념을 넣는다. 한소끔 끓으면 완성된 것이다.

4 공복에 먹는다.

◎ 약선 적용

멥쌀   성은 평, 미는 감하다.

　　　　효능 : 기운을 북돋운다.

흰거위기름   성은 평하다.

　　　　효능 : 갑자기 소리를 듣지 못하는 것을 주치한다.

---

60) 이롱(耳聾) : 소리를 잘 듣지 못하는 증상, 귀머거리.

파	성은 평, 미는 신하다.
	효능 : 오장을 통리한다.
된장	성은 한, 미는 감하다.
	효능 : 장기(瘴氣)를 다스린다.
생강	성은 온, 미는 신하다.
	효능 : 오장에 들어간다. 기를 내린다.
산초	성은 열, 미는 신하다.
	효능 : 속을 따뜻하게 한다. 기를 내린다.

◉ **효능**　오장에 기가 뭉쳐서 생긴 이롱

14. 멥쌀과 오골계기름[烏鷄脂]

1) 죽

治耳聾久不差烏雞脂一兩粳米三合相和煮粥入五味調和空腹食之雞脂和酒飲
亦可

이롱이 오래되어 차도가 없는 것을 치료하려면 오골계기름 1냥, 멥쌀 3홉을 함께 끓여 죽을 만들어서 양념을 넣어 공복에 먹는다. 닭기름을 술에 타 마셔도 역시 좋다.

재료

○ 멥쌀 3/4컵
　오골계 기름 40g
　물 5컵
○ 다진 생강 2작은술
　다진 파 1큰술
　산초가루 1/4작은술

멥쌀(평)	오골계기름(한)
0	−2

양념		
생강(온)	파(평)	산초(열)
+1	0	+2

1 쌀을 씻어서 소쿠리에 건져 물기를 뺀다.

2 바닥이 두터운 냄비에 ○의 오골계기름을 넣고 달구어지면 1의 쌀을 넣어 함께 볶는다. 여기에 ○의 물을 합하여 약간 센불에서 끓인다.

3 한번 끓어오르면 불을 약하게 하고 나무주걱으로 저어주면서 쌀알이 푹 퍼지도록 서서히 끓인다. 거의 완성되었을 때 ○의 양념을 넣는다. 한소끔 끓으면 완성된 것이다.

4 공복에 먹는다.

◎ **약선 적용**

멥쌀　성은 평, 미는 감하다.

　　　　효능 : 기운을 북돋운다.

오골계기름　성은 한하다.

　　　　효능 : 이롱을 주치한다.

◎ **효능**　만성이롱

15. 멥쌀과 밀가루[小麥麵]

1) 죽

治白痢不消小麥麫炒煮米粥內麫方寸匕服之

소화되지 않은 음식물찌꺼기가 나오는 백리[61]를 치료하려면 밀가루를 볶고 쌀을 끓여 죽을 만든다. 죽에 볶은 밀가루를 방촌비[62]로 넣어 복용한다.

재료

㉠ 멥쌀	1컵
물	6컵
㉡ 밀가루	1컵

멥쌀(평)	밀가루(온)
0	+1

1 쌀을 씻어서 소쿠리에 건져 물기를 뺀다.

2 바닥이 두터운 냄비에 1의 쌀과 분량의 물을 합하여 약간 센 불에서 끓인다. 한번 끓어오르면 불을 약하게 하고 나무주걱으로 저어주면서 쌀알이 푹 퍼지도록 서서히 끓인다.

3 팬에 ㉡의 밀가루를 담아 주걱으로 저어주면서 볶아 익힌다.

4 그릇에 2의 죽을 1컵 담고 여기에 3의 밀가루를 1작은술 합하여 먹는다.

◉ **약선 적용**

멥쌀　성은 평, 미는 감하다.

　　　효능 : 이질을 멈추게 한다.

밀가루　성은 온, 미는 감하다.

　　　효능 : 위장을 두터이 한다. 오장을 돕는다.

◉ **효능**　소화되지 않은 음식물찌꺼기가 나오는 백리

16. 멥쌀과 총백(葱白)

1) 죽

> 治赤白痢葱白一握細切 和米煮粥空心服之
>
> 적백이질을 치료하려면 곱게 썬 총백 한 움큼을 쌀에 넣어 끓여 죽을 만들어서 공복에 먹는다.

61) 백리(白痢) : 흰 곱이 나오는 이질.
62) 방촌비(方寸匕) : 사방으로 1치(약 3cm) 정도의 숟가락. 약숟가락.

재료

멥쌀	3/4컵
대파밑동(총백)	3뿌리
물	5컵

멥쌀(평)	총백(한)
0	-2

1 쌀을 씻어서 소쿠리에 건져 물기를 뺀다.

2 총백(대파밑동)을 잘게 썬다.

3 바닥이 두터운 냄비에 1의 쌀과 2를 합하여 담고 분량의 물을 넣어 약간 센불에서 끓인다.

4 한번 끓어오르면 불을 약하게 하고 나무주걱으로 저어주면서 쌀알이 푹 퍼지도록 서서히 끓인다.

◉ **약선 적용**

멥쌀　성은 평, 미는 감하다.

　　　효능 : 이질을 멈추게 한다.

총백　성은 한, 미는 신하다.

　　　효능 : 오장을 통리한다. 대변을 통리한다.

◉ **효능**　적백이질

17. 멥쌀과 붕어[鮒魚]

1) 죽

治腸胃冷下痢赤白鯽魚切如膾四兩粳米二合和膾煮粥椒鹽葱白任意食之

장위가 냉한 적백이질을 치료하려면 붕어 4냥을 회와 같이 썬다. 멥쌀 2홉에 붕어 회를 합하여 끓여 죽을 만들어서 산초·소금·총백을 넣어 임의대로 먹는다.

⊙ 멥쌀　　　　　1/2컵
　붕어　　　　　160g
　물　　　　　　3컵
⊙ 산초가루　　　1/4작은술
　소금　　　　　1작은술
　다진 대파밑동(총백)
　　　　　　　　2큰술

멥쌀(평)	붕어(평)
0	0

양념		
산초(열)	총백(한)	소금(온)
+2	-2	+1

1 쌀을 씻어서 소쿠리에 건져 물기를 뺀다.

2 싱싱한 붕어의 비늘을 제거하여 깨끗이 씻어서 등쪽에 칼을 넣어 한 장으로 펴고 내장을 빼낸다. 뼈를 발라내고는 횟감을 떠내듯이 저며 썬다.

3 대파밑동을 잘게 썬다.

4 바닥에 두터운 냄비에 1의 쌀, 2의 붕어살, 3의 총백을 담고 물을 합하여 약간 센불에서 끓인다.

5 한번 끓어오르면 불을 약하게 하고 나무주걱으로 저어주면서 쌀알이 푹 퍼지도록 서서히 끓인다. 거의 완성되었을 때 ⓛ의 양념을 넣는다. 한소끔 끓으면 완성된 것이다.

◉ 약선 적용

멥쌀　성은 평, 미는 감하다.

　　　효능 : 이질을 멈추게 한다. 속을 따뜻하게 한다.

붕어　성은 평, 미는 감하다.

　　　효능 : 위기(胃氣)를 평하게 한다. 설사를 멎게 한다.

산초　성은 열, 미는 신하다.

　　　효능 : 속을 따뜻하게 한다.

총백　성은 한, 미는 신하다.

　　　효능 : 대변을 통리한다. 오장을 통리한다.

◉ **효능**　장위가 냉한 적백이질

18. 멥쌀과 산약(山藥)

1) 죽

治初病痢疾不嘔因服苦濕凉劑太過以致聞食先嘔此乃脾胃虛弱也山藥細剉一
半銀瓦銚內炒熟一半生同爲末碎米等分先煮碎米待熟入藥末再煮熟空心任意
食之

초기에 이질을 앓았지만 토하지 않았는데, 고습량제[63]를 너무 많이 복용하여 음식
냄새만 맡아도 토하게 되는 것은 비위가 허약해진 때문이다. 이것을 치료하려면 산
약을 잘게 썰어 반은 은와[64]나 요자[65]에 넣고 볶아 익힌다. 여기에 절반 남은 산약
을 잘게 썰어 합하여 분말로 만들어서 굵게 분쇄한 쌀과 같은 분량으로 나눈다. 먼
저 쌀을 끓여 익기를 기다렸다가 산약가루를 넣고 다시 끓여 익힌다. 공복에 임의
대로 먹는다.

재료

멥쌀가루	1컵
산약가루	1컵
물	6컵

멥쌀(평)	산약(온)
0	+1

1 산약의 껍질을 버리고 잘게 편으로 잘라 절반은 무쇠솥에 볶
아 익힌다. 이것에 나머지 편으로 썬 생산약과 합하여 말려
서 가루로 만들어 1컵을 준비한다.

2 바닥이 두터운 냄비에 분량의 물을 담고 여기에 멥쌀가루를
합하여 약간 센불에서 끓인다.

3 한번 끓어오르면 불을 약하게 하고 나무주걱으로 저어주면
서 서서히 끓인다. 거의 다 익었을 때 1의 산약가루를 넣어
익힌다.

4 공복에 임의대로 먹는다.

---

63) 고습량제(苦濕凉劑) : 쓰고 습하며 찬 약제.
64) 은와(銀瓦) : 은으로 만든 기와.
65) 요자(銚子) : 쟁개비. 무쇠로 만든 작은 솥.

◉ **약선 적용**

멥쌀　성은 평, 미는 감하다.

　　　효능 : 기운을 북돋운다.

산약　성은 온, 미는 감하다.

　　　효능 : 허로를 보한다. 기력을 더한다. 오장을 채운다. 신(神)을 편안하게

　　　한다.

◉ **효능**　고습량제를 과다 복용하여 생긴 약해진 비위

19. 멥쌀과 아욱

1) 죽

治小便澁少莖中痛葵菜三斤葱白一握米三合煮葵取汁投米及葱煮熟點少許濃
豉汁調和空心食之

소변삽소[66]와 경중통[67]을 치료하려면 아욱 3근·총백 1주먹·쌀 3홉을 준비한다. 아
욱을 삶아 그 즙을 취한 다음 여기에 쌀과 총백을 넣고 끓여 익힌다. 진한 된장국
물을 약간 넣어 공복에 먹는다.

---

66) 49) 참조.
67) 경중통(莖中痛) : 음경이 아픈 증상.

재료

멥쌀(평)	총백(한)	아욱(한)
0	-2	-2

양념		
된장(한)		
-2		

⊙ 멥쌀   3/4컵
    대파밑동   3뿌리
    아욱   1920g
    물   5컵
ⓛ 된장   1큰술

1 쌀을 씻어서 소쿠리에 건져 물기를 뺀다.

2 냄비에 ⊙의 아욱과 물을 담아 약간 센불에서 끓인다. 한번 끓어오르면 불을 약하게 하여 끓인다. 이것을 체에 밭친다.

3 대파밑동을 잘게 썬다.

4 바닥이 두터운 냄비에 2와 3을 담고 1의 쌀을 합하여 약간 센불에서 끓인다.

5 한번 끓어오르면 불을 약하게 하고, 나무주걱으로 저어주면서 쌀알이 푹 퍼지도록 서서히 끓인다. 거의 다 익었을 때 ⓛ의 된장을 넣는다.

6 공복에 먹는다.

◎ 약선 적용

멥쌀   성은 평, 미는 감하다.

          효능 : 기운을 북돋운다. 속을 따뜻하게 한다.

아욱   성은 한, 미는 감하다.

          효능 : 소변을 잘 나오게 한다.

총백   성은 한, 미는 신하다.

          효능 : 대소변을 통리한다.

된장   성은 한, 미는 감 · 함하다.

          효능 : 장기(瘴氣)를 다스린다.

◎ **효능**   소변삽소와 경중통

20. 멥쌀과 돼지족

1) 죽

治産後虛損乳汁不下猪蹄一隻治如常白米半升以水煮令爛取肉切投米煮粥着
鹽醬葱白椒薑和食之

산후의 허손[68]과 유즙이 잘 나오지 않는 것을 치료하려면 돼지족 1개를 보통 요리하는 방법과 같이 준비하고 백미 1/2되를 준비한다. 돼지족을 물에 넣고 삶아 무르게 익힌 다음 고기는 취하여 썬다. 쌀을 넣고 끓여 죽을 만든다. 소금·장·총백·산초·생강을 넣어 먹는다.

재료

㉠	멥쌀	1 1/4컵
	돼지족	1개
	물	7 1/2컵
㉡	소금	1/2큰술
	간장	1큰술
	다진 대파밑동(총백)	2큰술
	산초가루	1/4작은술
	다진 생강	2/3작은술

멥쌀(평)	돼지족(평)
0	0

양념				
간장 (냉)	총백 (한)	산초 (열)	생강 (미온)	소금 (온)
-1	-2	+2	+1	+1

1 멥쌀을 씻어서 소쿠리에 건져 물기를 뺀다.

2 돼지족을 잘 씻어 냄비에 담아 물을 합하여 뼈와 고기가 분리될 때까지 물을 보충해가면서 무르게 삶아 익힌다. 돼지족이 물러지면 꺼내어 고기는 잘게 썰고 뼈는 버린다.

3 바닥이 두터운 냄비에 2의 돼지족 삶은 물과 1의 멥쌀을 합하여 넣고 약간 센불에서 끓인다.

4 한번 끓어오르면 불을 약하게 하고 나무주걱으로 저어주면서 쌀알이 푹 퍼지도록 서서히 끓인다.

5 4가 거의 완성되었을 때 ㉡의 양념과 2의 고기를 넣고 한소끔 끓이면 완성이다.

---

68) 허손(虛損) : 몸과 마음이 허약하고 피로한 증상으로 허로(虛勞)라고도 한다.

◉ 약선 적용

멥쌀　성은 평, 미는 감하다.

　　　　효능 : 번(煩)을 없앤다. 기운을 북돋운다.

돼지족　성은 평하다.

　　　　효능 : 유즙(乳汁)을 내린다. 기운을 북돋운다.

간장　성은 냉, 미는 함하다.

　　　　효능 : 어육의 독을 죽인다.

총백　성은 한, 미는 신하다.

　　　　효능 : 오장을 통리한다. 간사(肝邪)를 없앤다. 대소변을 통하게 한다.

산초　성은 열, 미는 신하다.

　　　　효능 : 속을 따뜻하게 한다. 육부의 한랭을 다스린다.

생강　성은 미온, 미는 신하다.

　　　　효능 : 기를 내린다.

◉ **효능**　산후의 허손과 유즙분비 불량

21. 멥쌀과 칡

1) 죽

治小兒風熱嘔吐壯熱頭痛驚悸夜啼乾葛一兩剉以水一升半煎取汁去滓下米一
合煮粥食之

소아의 풍열구토[69]와 장열두통[70] · 경계[71] · 야제[72]를 치료하려면 썰어서 말린 칡 1냥
에 물 1되 반을 합하여 달여서 그 즙을 취한다. 찌꺼기를 제거한 다음, 멥쌀 1홉을
넣고 끓여 죽으로 먹인다.

재료

멥쌀	1/4컵
말린 칡	40g
물	3 3/4컵

멥쌀(평)	칡(평)
0	0

1 쌀을 씻어서 소쿠리에 건져 물기를 뺀다.

2 말린 칡은 잘게 썰어 냄비에 담아 분량의 물을 합하여 은근한 불에서 끓여 달인다. 이것을 고운체에 밭친다.

3 바닥이 두터운 냄비에 1을 담고 2의 달인 물을 합하여 약간 센불에서 끓인다.

4 한번 끓어오르면 불을 약하게 하고 나무주걱으로 저어주면서 쌀알이 푹 퍼지도록 서서히 끓인다.

◉ **약선 적용**

멥쌀   성은 평, 미는 감하다.

효능 : 번(煩)을 없앤다.

칡   성은 평, 미는 감하다.

효능 : 풍독(風毒)의 두통을 다스린다. 흉격의 열을 다스린다.

◉ **효능**   소아의 풍열구토 · 장열두통 · 경계 · 야제

22. 멥쌀과 배

1) 죽

治小兒心藏風熱昏憒煩燥不能下食消梨三顆搗取汁白米三合煮粥臨熟下梨汁攪和食之

---

69) 풍열구토(風熱嘔吐) : 풍사(風邪)와 열사(熱邪)로 인한 구토.
70) 장열두통(壯熱頭痛) : 고열이 갑자기 나면서 생긴 두통.
71) 경계(驚悸) : 놀라서 가슴이 두근거리는 증상.
72) 야제(夜啼) : 낮에는 울지 않다가 밤에만 불안해하면서 우는 증상.

소아의 심장에 풍열이 있어 정신이 심란하고 번조하며 음식을 소화하지 못하는 것을 치료하려면 배 3개를 갈아 그 즙을 취한다. 백미 3홉을 끓여 죽을 만드는데, 익으려고 할 때 배즙을 넣고 섞어 먹는다.

재료

멥쌀	3/4컵
배	3개
물	3 3/4컵

멥쌀(평)	배(한)
0	-2

1 쌀을 씻어서 소쿠리에 건져 물기를 뺀다.

2 배의 껍질을 벗겨서 강판에 갈아 놓는다.

3 바닥이 두터운 냄비에 1의 쌀과 분량의 물을 합하여 약간 센 불에서 끓인다.

4 한번 끓어오르면 불을 약하게 하고 나무주걱으로 저어주면서 쌀알이 푹 퍼지도록 서서히 끓인다. 거의 익었을 때 2의 배즙을 넣어서 잘 섞는다.

◉ **약선 적용**

멥쌀 성은 평, 미는 감하다.

효능 : 번(煩)을 없앤다. 위기(胃氣)를 더한다.

배 성은 한(寒)·냉(冷), 미는 감·산(酸)하다.

효능 : 풍열(風熱)을 없앤다. 가슴 속의 열결(熱結)을 다스린다. 심번(心煩)을 멎게 한다.

◉ **효능** 소아의 풍열성 번조와 소화불량

23. 멥쌀과 황자계(黃雌鷄)

1) 죽

治膀胱虛冷小便數不止黃雌鷄一隻治如食法粳米煮作粥和鹽醬醋空心食之又
炙令極熟刷鹽醋椒末空心食之

방광이 허하면서 냉하여 소변을 자주 보는 것을 치료하려면 누런 암탉 1마리를 보통 요리하는 방법과 같이 준비한 다음 멥쌀과 함께 끓여 죽을 만든다. 소금·간장·식초를 넣어 공복에 먹는다. 또한 무르게 익도록 구워 소금·식초·산초가루를 문질러 공복에 먹는다.

재료

㉠ 멥쌀	1컵
황자계	1마리
물	6컵
㉡ 소금	1/2큰술
진간장	1큰술
식초	1큰술

멥쌀(평)	황자계(평)
0	0

식초(온)	간장(냉)	소금(온)
+1	-1	+1

1 쌀을 씻어서 소쿠리에 건져 물기를 뺀다.

2 닭의 배를 갈라서 깨끗이 씻는다. 냄비에 씻은 닭을 담고 물을 합하여 닭살이 물러질 때까지 물을 보충하면서 끓인다. 물러진 닭은 건져낸다.

3 2에서 건져낸 닭은 살을 뜯어 놓는다.

4 2의 닭 국물에 1의 쌀을 넣고 쌀알이 푹 퍼질 때까지 뭉근한 불에서 나무주걱으로 저어주면서 끓인다.

5 4의 죽에 3의 닭살과 ㉡의 양념을 합한다.

6 공복에 먹는다.

◉ 약선 적용

멥쌀 성은 평, 미는 감하다.

효능 : 속을 따뜻하게 한다. 기운을 북돋운다.

황자계 성은 평, 미는 감·산·함하다.

효능 : 잦은 소변을 다스린다.

<table>
<tr><td>식초</td><td>성은 온, 미는 산하다.</td></tr>
<tr><td></td><td>효능 : 어육독을 없앤다.</td></tr>
<tr><td>간장</td><td>성은 냉, 미는 함 · 산하다.</td></tr>
<tr><td></td><td>효능 : 어육독을 죽인다.</td></tr>
</table>

◉ **효능**　소변을 자주 보는 냉하고 허한 방광

24. 멥쌀과 돼지위

1) 죽

治消渴日夜飮水數斗小便數瘦弱猪肚一枚洗淨以水五升煮令爛熟取二升已來
去肚着小豉渴則飮之肉亦可喫或和米著五味煮粥食之佳腸主虛渴小便數補下
焦虛弱枯渴服法同肚

소갈[73]로 하룻밤에 물을 몇 말이나 마시고 소변을 자주 보며 몸이 마르고 약해지는 것을 치료하려면 돼지위 1개를 깨끗이 씻어 물 5되를 넣고 무르도록 익혀 삶아 2되를 취한다. 위를 꺼버고, 약간의 된장을 넣어서 갈증이 날 때 마신다. 고기도 먹을 수 있다. 혹은 쌀과 양념을 넣고 죽으로 끓여 먹어도 좋다. 돼지창자는 허갈과 자주 보는 소변을 다스리며 하초[74]의 허약과 고갈[75]을 보해준다. 먹는 방법은 돼지위와 같다.

---

73) 소갈(消渴) : 목이 말라서 물을 자주 먹는 증세.
74) 하초(下焦) : 배꼽 아래.
75) 고갈(枯渴) : 마름, 말라서 없어짐.

재료

㉠ 멥쌀	1 1/2컵
돼지위	1개
물	12 1/2컵
소금	
㉡ 다진 파	2큰술
다진 생강	1큰술
간장	2큰술
산초가루	1/2작은술

멥쌀(평)	돼지위(미온)
0	+1

1 쌀을 씻어서 소쿠리에 건져 물기를 뺀다.

2 돼지위를 소금으로 문질러 깨끗이 씻는다. 냄비에 돼지위를 담아 분량의 물을 붓고 은근한 불에서 푹 삶아 무르도록 익힌다. 고기는 건져서 잘게 썬다.

3 바닥이 두터운 냄비에 2의 육즙 7 1/2컵과 잘게 썬 고기를 합하여 담고 1의 쌀을 넣고는 약간 센불에서 끓인다.

4 한번 끓어오르면 불을 약하게 하고, 나무주걱으로 저어주면서 쌀알이 푹 퍼지도록 서서히 끓인다. 거의 완성되었을 때 ㉡의 양념을 넣는다. 한소끔 끓으면 완성된 것이다.

◉ **약선 적용**

멥쌀　성은 평, 미는 감하다.

　　　효능 : 기운을 북돋운다. 오장을 보한다.

돼지위　성은 미온하다.

　　　효능 : 갈(渴)을 멎게 한다.

◉ **효능**　당뇨병

25. 묵은쌀[陳廩米]

1) 미음

> 治吐痢後大渴飮水不止陳廩米水洵淨二合水二盞煎至一盞去滓空心溫服晚食前再煎溫服
>
> 토하고 이질이 있은 다음에 생기는 큰 갈증이 물을 마셔도 없어지지 않는 것을 치

료하려면 묵은쌀 2홉을 물에 깨끗이 일어서 물 2잔을 넣고 1잔이 되도록 다린 다음 찌꺼기를 제거하여 공복에 따뜻하게 복용한다. 저녁 식사 전이면 다시 달여서 따뜻하게 복용한다.

재료

묵은쌀	1/2컵
물	5컵

묵은쌀(온)
+1

1 쌀을 씻어서 소쿠리에 건져 물기를 뺀다.

2 바닥이 두터운 냄비에 1의 쌀과 분량의 물을 합하여 약간 센 불에서 끓인다.

3 한번 끓어오르면 불을 약하게 하고 나무주걱으로 저어주면서 쌀알이 완전히 퍼지도록 1시간 이상 푹 끓인다. 물이 절반 정도 남으면 고운체로 밭친다.

4 공복에 따뜻하게 복용한다.

◉ **약선 적용**

묵은쌀[76] 성은 온, 미는 산(酸, 신맛) · 함(鹹)하다.

효능 : 설사를 멎게 한다. 오장을 보한다.

◉ **효능**   토하고 이질이 있은 후의 큰 갈증

---

76) 묵은쌀 : 3~5년 묵은 것.

26. 묵은쌀 · 녹두(菉豆) · 달걀[鷄卵]

1) 죽

治小兒暑月泄瀉無度鷄子五枚同菉豆煮熟令豆軟下陳倉米作希粥攪令粥熟溫
食就以鷄子壓之喫一二頓病減而安

소아가 여름철에 계속 설사하는 것을 치료하려면 달걀 5개와 녹두를 같이 삶아 녹두가 연해지도록 익힌다. 여기에 묵은쌀을 넣어서 묽은죽을 만든다. 죽이 익으면 저어주어 식혀서 따뜻할 때 먹고, 달걀을 먹어서 눌러준다. 1~2번 먹으면 설사가 감소되어 편안해진다.

재료

묵은쌀	1/2컵
녹두	1/2컵
달걀	5개
물	5컵

묵은쌀 (온)	녹두 (한)	달걀 (평)
+1	-2	0

1 묵은쌀을 씻어서 소쿠리에 건져 물기를 뺀다.

2 녹두를 씻어서 소쿠리에 건져 물기를 뺀다. 이것을 냄비에 담아 달걀과 분량의 물을 합하여 물을 보충하면서 뭉근한 불에서 녹두가 물러지도록 끓인다. 달걀은 꺼내 놓는다.

3 바닥이 두터운 냄비에 2의 녹두와 녹두 삶은물을 담아 1의 쌀을 합하여 약간 센불에서 끓인다.

4 한번 끓어오르면 불을 약하게 하고 나무주걱으로 저어주면서 쌀알이 푹 퍼지도록 서서히 끓인다.

5 죽은 따뜻하게 식혀서 먹고 삶은 달걀을 먹는다.

◉ **약선 적용**

묵은쌀 성은 온, 미는 산 · 함하다.

　　　　효능 : 설사를 멎게 한다. 오장을 보한다.

녹두 성은 한, 미는 감하다.

　　　　효능 : 번열의 발동을 다스린다.

달걀   성은 평, 미는 감하다.

효능 : 이질을 다스린다. 번열을 다스린다.

여름철 더위로 인한 설사이기 때문에 한성의 녹두를 첨가한 것이다.

◉ 효능   소아의 여름철 설사

27. 찹쌀[糯米]·돼지위[猪肚]·돼지방광[猪脬]

1) 수육

治小兒尿床能補脬暖下元猪脬猪肚各一枚糯米半升將糯米入猪脬內又將脬入
猪肚內爛煮鹽椒調勻如飲食日常服不過數次效
소아의 요상[77]을 치료하고 방광을 보하며 하원[78]을 따뜻하게 해주려면 돼지방광·
돼지위장 각 1개씩과 찹쌀 1/2되를 준비한다. 찹쌀을 돼지방광 속에 넣고 다시 방
광을 돼지위장 속에 넣어서 무르도록 푹 삶는다. 소금·산초를 고르게 넣고 일상의
음식을 먹듯이 항상 먹으면 몇 번만 먹어도 효과를 본다.

治産婦損脬遺尿不知出能補脬暖猪脬猪肚各一枚糯米半升以米入猪脬內又將
脬入猪肚內爛煮鹽椒調勻如飲食日常服不遇數次效
산부가 방광이 손상되어 본인도 모르게 나오는 유뇨를 치료하며 방광을 따뜻하게
보하려면 돼지방광·돼지위장 각 1개씩과 찹쌀 1/2되를 준비한다. 찹쌀을 돼지방광
속에 넣고 다시 방광을 돼지위장 속에 넣어서 무르도록 푹 익힌다. 소금·산초를
고르게 넣고 일상의 음식 먹듯이 항상 먹으면 몇 번만 먹어도 효과가 있다.

77) 요상(尿床) : 본인도 모르게 저절로 소변이 나오는 증세. 유뇨(遺尿)라고도 함.
78) 하원(下元) : 신장. 즉 콩팥.

재료

찹쌀	1 1/4컵
돼지위	1개
돼지방광	1개

ⓒ 소금
   산초가루

ⓒ 소금

찹쌀(량)	돼지위 (미온)	돼지방광 (미온)
-1	+1	+1

양념	
산초(열)	소금(온)
+2	+1

1 찹쌀을 씻어서 소쿠리에 건져 물기를 뺀다.

2 돼지위와 돼지방광을 소금으로 문질러 깨끗이 씻는다.

3 돼지방광 속에 1의 찹쌀을 넣고 이것을 돼지위에 집어넣어 살이 물러지도록 물에 삶아 익힌다.

4 먹을 때에 3을 썰어 그릇에 담고 소금과 산초가루를 곁들인다.

◉ **약선 적용**

찹쌀 성은 량(凉)·미한(微寒), 미는 감하다.

효능 : 원기(元氣)를 도우며 외감(外感)을 푼다.

돼지위 성은 미온이다.

효능 : 갈(渴)을 그친다. 기운을 북돋운다. 허약한 것을 다스린다.

돼지방광 성은 미온이다.

효능 : 약해진 방광을 다스린다.

산초 성은 열, 미는 신하다.

효능 : 속을 따뜻하게 한다. 육부[79]의 한랭을 다스린다. 허리와 무릎을 따뜻하게 한다.

◉ **효능** 소아와 산부의 방광을 보하고 요상 치료

---

79) 육부(六腑) : 담·위·대장·소장·방광·삼초(상초·중초·하초).

28. 찹쌀과 달걀[鷄卵, 鷄子]

1) 죽 1

治小兒下痢不止瘦嬭鷄子一枚糯米一合煮米作粥臨熟破鷄子相和熟食之

소아의 설사이질증이 그치지 않고 여위어지는 것을 치료하려면 달걀 1개·찹쌀 1홉을 준비한다. 찹쌀을 끓여 죽을 만들고 익으려고 할 때 달걀을 깨뜨려 넣고 잘 섞어 익으면 먹인다.

재료

찹쌀	1/4컵
달걀	1개
물	1 1/2컵

찹쌀(량)	달걀(평)
-1	0

1 찹쌀을 씻어서 소쿠리에 건져 물기를 뺀다.

2 바닥이 두꺼운 냄비에 1의 쌀과 분량의 물을 합하여 넣고 약간 센불에서 끓인다.

3 한번 끓어오르면 불을 약하게 하고 나무주걱으로 저어주면서 쌀알이 푹 퍼지도록 서서히 끓인다. 거의 익으려고 할 때 달걀을 깨뜨려 넣고 잘 섞어 익힌다.

◉ **약선 적용**

찹쌀 성은 량·미한, 미는 감하다.

효능 : 곽란[80]을 멎게 한다. 원기를 도우며 외감을 푼다.

달걀 성은 평, 미는 감하다.

효능 : 이질을 다스린다. 오장을 편히 한다.

◉ **효능** 소아와 설사이질증

---

80) 곽란(藿亂) : 갑자기 토하고 설사가 나며 고통이 심한 급성 위장병.

2) 죽 2

治姙娠中惡心腹痛亦治姙娠卒胎動不安或但腰痛或胎轉槍心或下血不止雞子
新生二枚破着杯中以糯米粉和如粥頓服
임신 중 중악[81]과 심복통을 치료하고 태동불안[82]·요통·태전창심[83]·그치지 않는
하혈을 치료하려면 새로 낳은 달걀 2개를 그릇에 깨뜨려서 쌀가루를 넣고 저어 죽
같이 만들어 한꺼번에 복용한다.

재료

찹쌀가루	1/2컵
달걀	2개
물	4컵

찹쌀(량)	달걀(평)
-1	0

1 찹쌀가루에 물을 조금씩 부어서 되직하게 풀어 놓는다.
2 바닥이 두터운 냄비에 1을 담고 1에서 쓰고 남은 분량의 물을 부어 주걱으로 멍울이 없도록 잘 저어서 약한불에서 서서히 익힌다.
3 달걀을 깨뜨려 흰자와 노른자를 잘 섞어 놓는다.
4 2가 말갛게 익으면 3을 넣고 주걱으로 완전히 섞어 한소끔 끓인다.

◎ **약선 적용**

찹쌀 성은 량·미한, 미는 감하다.
효능 : 원기를 도우며 외감(外感)을 푼다.

달걀 성은 평, 미는 감하다.
효능 : 안태한다. 열번(熱煩)을 다스린다. 심(心)을 진정시킨다. 오장을 편히한다.

◎ **효능** 임신 중 중악과 심복통, 태동불안, 태동창심, 그치지 않는 하혈과 요통

---

81) 중악(中惡) : 악기(惡氣)에 감촉되어 생기는 증상.
82) 태동불안(胎動不安) : 하복통·요통·하혈 등이 동반되기도 하는 유산되려는 초기 증세.
83) 태전창심(胎轉槍心) : 태아가 음직일 때 찌를 듯이 아픈 증상.

29. 찹쌀과 오자계(烏雌鷄)

1) 죽

安胎及風寒濕痺腰脚痛烏雌鷄一隻治如食糯米三合煮鷄熟切肉下豉汁中和米煮粥着鹽椒薑葱調和空心食之作羹及餛飩索餠皆可

안태[84]시키고, 풍한습으로 인한 저림증과 요각통[85]을 치료하려면 검은 암탉 1마리를 보통 요리하는 방법과 같이 다루고 찹쌀 3홉을 준비한다. 닭을 삶아 익혀서 고기는 썰어 놓는다. 닭 삶은 국물에 된장·찹쌀을 넣고 끓여 죽을 만든다. 소금·산초·생강·파를 넣고 공복에 먹는다. 국·만두·국수를 만들어도 모두 좋다.

재료

㉠ 찹쌀		3/4컵
	오자계	1마리
	된장	1/2큰술
	물	6컵
㉡ 소금		1/2큰술
	산초가루	1/4작은술
	다진 생강	2/3작은술
	다진 파	2큰술

찹쌀(량)	오자계(온)
-1	+1

양념			
된장 (한)	산초 (열)	생강 (미온)	파 (평)
-2	+2	+1	0

1 찹쌀을 씻어서 소쿠리에 건져 물기를 뺀다.

2 닭의 배를 갈라서 깨끗이 씻는다. 냄비에 씻은 닭을 담고 물을 합하여 닭살이 물러질 때까지 물을 보충하면서 끓인다. 닭은 건져낸다.

3 2에서 건져낸 닭은 살을 뜯어 놓는다.

4 2의 닭국물에 1의 찹쌀과 ㉠의 된장을 넣고 쌀알이 푹 퍼질 때까지 뭉근한 불에서 나무주걱으로 저어주면서 끓인다.

5 4의 죽에 3의 닭고기와 ㉡의 양념을 합하여 한소끔 끓이면 완성된 것이다.

---

84) 안태(安胎) : 유산 기미를 진정시키고 태아를 편안하게 해 주는 것.
85) 요각통(腰脚痛) : 허리와 다리가 아픈 증상.

◉ 약선 적용

찹쌀   성은 량·미한, 미는 감하다.

효능 : 원기를 도우며 외감을 푼다.

오자계   성은 온, 미는 감·산하다.

효능 : 풍한습으로 인한 저림증을 치료한다. 임신이 잘 안착되게 한다.

산후의 허약함을 다스린다.

된장   성은 한, 미는 감·함하다.

효능 : 장기(瘴氣)를 다스린다.

산초   성은 열, 미는 신하다.

효능 : 한습비통을 다스린다. 허리와 무릎을 따뜻하게 한다.

생강[86]   성은 미온, 미는 신하다.

효능 : 풍한습기를 없앤다.

파   성은 냉(冷)·평, 미는 신하다.

효능 : 태(胎)를 편히 한다. 상한의 한열을 다스린다.

◉ **효능**   안태, 풍한습으로 인한 저림증과 요각증

---

86) 생강의 껍질은 한(寒)하므로 열(熱)하게 쓰는 것은 껍질을 버리고, 냉(冷)하게 쓰는 것은 껍질째로 쓴다. 여기서는 껍질째로 쓰는 것을 채택함.

30. 찹쌀과 잉어[鯉魚]

1) 국

治姙娠胎不長兼數傷胎鯉魚二介糯米一升如法作膔入葱豉少着鹽醋食之一月
中三五徧作食之極效

임신을 하였는데 태아가 잘 자라지 않고 상태[87]가 있는 것을 치료하려면 잉어 2마
리와 찹쌀 1되에 파와 된장을 넣고, 고깃국 만드는 방법과 같이 만들어서 약간의
소금과 식초를 넣어 먹는다. 1달에 3~5번 만들어 먹으면 극히 효과가 있다.

재료

㉠	찹쌀	2 1/2컵
	잉어	2마리
	물	20컵
㉡	다진 파	4큰술
	소금	2큰술
	식초	1큰술
	된장	2큰술

찹쌀(량)	잉어(평)
-1	0

양념			
된장 (한)	파 (평)	식초 (온)	소금 (온)
-2	0	+1	+1

1 찹쌀을 씻어서 소쿠리에 건져 물기를 뺀다.

2 싱싱한 잉어는 비늘과 지느러미를 제거하고 배를 갈라 내장
을 없앤 다음 깨끗이 씻는다.

3 커다란 냄비에 2의 잉어와 ㉠의 물을 담아 뭉근한 불에서 물
을 보충하면서 2시간 이상 끓인다. 완성되면 체에 밭쳐 찌꺼
기는 버린다.

4 냄비에 3의 육수를 다시 담고 1의 찹쌀과 ㉡의 된장 · 파를
합하여 약간 센불에서 끓인다.

5 한번 끓어오르면 불을 약하게 하고 쌀알이 완전히 퍼지도록
끓인다. 거의 완성되었을 때 소금과 식초를 넣어 한소끔 더
끓여 국을 완성한다.

6 한달에 3~5번 만들어 먹는다.

---

87) 상태(傷胎) : 임신 말기의 이상 출혈.

찹쌀   성은 량, 미는 감하다.

          효능 : 원기를 도우며 외감을 푼다.

잉어   성은 한 · 평, 미는 함 · 감하다.

          효능 : 임산부의 신종(身腫)을 다스린다. 안태하게 한다. 태동을 다스린다.

된장   성은 한, 미는 함 · 감하다.

          효능 : 장기(瘴氣)를 다스린다.

파   성은 평 · 냉, 미는 신하다.

          효능 : 태(胎)를 편히 한다.

식초   성은 온, 미는 산하다.

          효능 : 옹종을 없앤다. 혈량(血量)을 다스린다.

◉ **효능**   상태가 있는 임신과 태아의 발육불량

31. 찹쌀

1) 떡 1

治夜多小便一夜十餘行純糯米餈一片臨臥炙令軟熟啖之仍以溫酒下不飮酒者湯下多啖愈佳行坐良久待心間空便睡當夜便止

하룻밤에 소변을 많이 누는 10여 차례나 가는 것을 치료하려면 100% 찹쌀로 만든 찹쌀떡 1개를 잠자리에 들기 전에 구워서 부드럽게 익혀 먹고 나서 따뜻한 술을 마신다. 술을 마시지 못하는 사람은 물을 마신다. 많이 먹으면 더욱 좋다. 앉아서 먹고 한참 지난 다음 가슴속이 비기를 기다리면 편하게 잠이 든다. 당일에 치료된다.

재료

찹쌀가루	5컵
물	1/2컵

찹쌀(량)
−1

곡류

1 찹쌀가루에 물을 섞어서 골고루 비빈다. 물은 찹쌀가루의 건조 상태에 따라 그 양을 조절하는데(대략 1/2컵 정도), 주먹으로 쥐었을 때 뭉쳐지는 정도로 섞는다.

2 베보자기를 깐 찜통에 떡틀을 올려놓고 기름종이를 깐 후 1의 떡가루를 앉혀 고루 펴고 그 위를 베보자기로 덮어서 수증기가 떡에 직접 떨어지지 않게 한다. 김이 올라오기 시작하면 약 20분간 찐 뒤 불을 끄고 10분 정도 뜸을 들인다.

3 2를 식혀서 적당한 크기로 썬다. 먹을 때는 구워서 부드럽게 하여 먹고, 먹고 나서는 술이나 물을 마신다.

◉ 약선 작용

찹쌀   성은 량, 미는 감하다.

효능 : 원기를 도우며 외감을 푼다.

◉ 효능   밤에 자주 보는 소변

2) 떡 2

治諸淋小便常不利陰中痛糯米作餅食之

제림[88]으로 소변이 평소 잘 나오지 않고 음경이 아픈 것을 치료하려면 찹쌀로 떡을 만들어 먹는다.

---

88) 제림(諸淋) : 소변을 보려 하나 잘 나오지 않고 방울방울 떨어지며 요도와 하복부가 아픈 증상을 주증으로 하는 임증(淋症).

제4장 ● 『식료찬요』를 통해서 본 찬품 조리   **129**

재료

○ 찹쌀가루   5컵
    물   1/2컵
○ 팥고물   5컵

찹쌀(량)
−1

1 찹쌀가루에 물을 섞어서 골고루 비빈다. 물은 찹쌀가루의 건조 상태에 따라 보아가면서 그 양을 조절하는데(대략 1/2컵 정도), 주먹으로 쥐었을 때 뭉쳐지는 정도로 섞는다.

2 충분히 물에 불린 팥은 찜통에서 무르도록 쪄내어 체에 내려서 팥고물을 만들어 5컵을 취한다.

3 베보자기를 깐 찜통에 떡틀을 올려놓고 2의 팥고물을 한 켜 뿌린 후 1의 떡가루를 3cm 정도 두께로 고루 펴고, 다시 그 위에 팥고물을 한 켜 뿌리는 것을 반복한다. 맨 위를 베보자기로 덮어서 수증기가 떡에 직접 떨어지지 않게 한다. 김이 올라오기 시작하면 약 20분간 찌고 10분 정도 뜸을 들인다.

◉ **약선 적용**

찹쌀   성은 량, 미는 감하다.

        효능 : 원기를 도우며 외감을 푼다.

◉ **효능**   음경이 아픈 제림

32. 묵은찹쌀[陳糯米]과 밀기울[麥麩]

1) 미음

止汗方陳糯米不以多少麥麩炒黃色爲末米飮調下不拘時一服有效或白炙豬肉
點食之雄鷄腦和麥麩皮薄餠將來火炙之細末空心臨臥服粥湯調下汗隨稀

식은땀을 멎게 하는 처방으로는, 묵은 찹쌀 적당량을 밀기울과 함께 황색이 되도록
볶아서 분말로 만든다. 이것을 미음에 타서 아무 때나 먹으면 효과가 있다. 한번

먹으면 효험이 있다. 혹은 돼지고기 구운 것을 먹어도 좋다. 수탉의 뇌를 밀기울에 버무려 떡을 얇게 만들어서 불에 살짝 구워 고운가루로 만든다. 공복이나 잘 때에 죽과 탕에 타 먹으면 도한이 적어진다.

재료

묵은 찹쌀	1컵
밀기울	1컵
쌀로 만든 미음	

묵은 찹쌀(량)	밀기울(한)
−1	−2

1 묵은 찹쌀을 씻어서 소쿠리에 건져 물기를 뺀다. 여기에 밀기울을 합한다.

2 팬에 1을 담아 뭉근한 불에서 나무주걱으로 뒤적여 가면서 누렇게 볶아 익힌다.

3 2를 맷돌블렌더에 갈아 가루로 만든다.

4 쌀로 만든 미음에 3의 가루를 타서 아무 때나 먹는다.

재료

돼지살코기	300g

돼지살코기(한)
−2

1 돼지살코기를 얇게 저민다.

2 팬이나 석쇠에 1을 올려놓고 완전히 익힌다.

◉ **약선 적용**

묵은 찹쌀　성은 량 · 미한, 미는 감하다.

　　　　　효능 : 땀을 멎게 한다.

밀기울　성은 한 · 량, 미는 감하다.

　　　　효능 : 열을 없앤다.

돼지살코기　성은 한 · 량, 미는 고(苦, 쓴맛) · 함하다.

　　　　　효능 : 해열한다.

◉ **효능**　식은 땀

33. 보릿가루[大麥麵]

1) 미음

患纏喉風食不能下大麥作麵勝於小麥以麵作稀糊而噉之滑膩易下焦助胃氣

전후풍[89]을 앓아 음식을 먹어도 아래로 내려 보내지 못할 때에는 보리로 가루를 만든다. 밀가루보다 좋다. 보릿가루로 묽은 죽을 쑤어 마신다. 부드럽고 매끄러워 쉽게 하초로 내려 보내고 위기를 도와준다.

재료

보릿가루	1/2컵
물	4컵

보리(미한)
−1

◉ **약선 적용**

보리　성은 온 · 미한, 미는 감하다.

　　　효능 : 속을 다스린다. 허한 것을 보충한다.

◉ **효능**　전후풍 후의 음식 섭취 불량

---

89) 전후풍(纏喉風) : 목구멍에 생기는 급성 염증.

2) 국수

主消渴除熱大麥作麵止消渴

소갈을 다스리고 열을 제거하려면 보리로 국수를 만들어 먹는다. 소갈이 멎게 된다.

재료

㉠ 보릿가루	3컵
물	1/2컵
㉡ 된장	3큰술
후춧가루	1/4작은술
다진 마늘	1큰술
㉢ 물	8컵
대파	1뿌리

보리(미한)

－1

1 보릿가루에 물 반 컵을 조금씩 넣어주면서 반죽하여 치댄다.

2 1을 밀판에서 홍두깨로 얇게 밀어 칼로 썰어 헤쳐 놓는다.

3 ㉢의 대파를 어슷어슷썬다.

4 냄비에 ㉢의 물을 붓고 ㉡의 된장을 망에 걸러서 풀어 넣는다.

5 4를 불에 올려놓고 끓인다. 끓으면 2의 국수와 ㉡의 된장을 제외한 양념을 넣는다. 국수가 익으면 3의 대파를 넣고 한소 끔 더 끓인다.

◉ **약선 적용**

보리 성은 온ㆍ미한, 미는 감하다.

효능 : 갈(渴)을 멎게 한다. 열을 없앤다.

◉ **효능** 소갈과 열 제거

34. 밀가루[小麥麵]⁹⁰⁾

1) 죽

治痟渴口乾小麥作飯或作粥食之

소갈로 입이 마르는 것을 치료하려면 밀로 밥을 만들거나 또는 죽을 만들어 먹는다.

재료

밀가루(껍질이 포함된 것)
　　　　　　　　1/2컵
물　　　　　　　3컵

밀가루(온)
+1

1 밀가루에 분량의 물을 조금씩 부어 가면서 풀어놓는다.
2 바닥이 두터운 냄비에 1을 담고 약한불에서 주걱으로 저어주면서 서서히 익힌다.

◉ **약선 적용**

　밀가루　성은 온, 미는 감하다.

　　　　　효능 : 조갈증⁹¹⁾과 구갈증을 없앤다.

◉ **효능**　　소갈

---

90) 밀의 껍질은 냉, 알갱이는 열하다. 합해서 끓여 먹으면 온 또는 평하다.
91) 조갈증(燥渴症) : 입술·입·목이 몹시 마름.

2) 국수

治中暑小麥麵調冷水服之

중서[92]를 치료하려면 밀가루로 만든 국수를 찬물에 넣어 먹는다.

국수

재료

㉠ 밀가루
  (껍질이 포함된 것) 3컵
  물   1/2컵
㉡ 간장   약간
  통깨   약간
  오이채   약간
㉢ 얼음물   8컵

밀가루(온)

+1

1 밀가루에 분량의 물을 조금씩 넣으면서 반죽하여 치댄다.

2 1을 밀판에서 홍두깨로 얇게 밀어 칼로 썰어 헤쳐 놓는다.

3 냄비에 물을 충분히 담아 끓인다. 물이 펄펄 끓을 때 2의 국수를 헤쳐서 넣고 삶아 건져서 찬물에 충분히 헹구어 사리를 만든다.

4 대접에 3의 국수를 담고 ㉢의 얼음물을 부어낸다. ㉡의 양념을 곁들인다.

◎ **약선 적용**

밀가루 성은 온, 미는 감하다.

  효능 : 번열(煩熱)을 없앤다.

◎ **효능** 중서

---

92) 중서(中暑) : 여름에 더위 먹어서 생기는 증세.

35. 밀가루와 달걀흰자

1) 국수

治脾胃氣弱見食嘔吐瘦薄無力麪四大兩雞子淸四枚搜和作索餠熟煮於豉汁中
空心食之

비위의 기가 약하여 음식을 보기만 하여도 토하고 몸이 마르며 힘이 없는 것을 치
료하려면 밀가루 4대량에[93] 달걀흰자 4개분량을 넣어 잘 반죽하여 국수로 만들어서
된장국에 넣어 익도록 끓인다. 공복에 먹는다.

재료

㉠ 밀가루		480g
	달걀흰자	4개
	물	약간
㉡ 된장		3큰술
	물	8컵

밀가루(온)	달걀흰자(미한)
+1	-1

1 달걀의 흰자와 노른자를 분리해 놓는다.

2 분량의 밀가루에 1의 달걀흰자로 반죽하는데 물은 반죽 상태
를 보아가면서 넣는다.

3 2를 밀판에서 홍두깨로 얇게 밀어서 칼로 썰어 헤쳐 놓는다.

4 냄비에 ㉡의 물을 붓고 된장을 망에 걸러서 풀어 넣는다.

5 4를 불에 올려 끓인다. 끓으면 3의 국수를 넣어 익힌다.

◉ **약선 적용**

밀가루 성은 온, 미는 감하다.

효능 : 기를 보충하고 늘려 도움이 되게 한다[益氣]. 오장을 돕는다.

달걀흰자 성은 미한, 미는 감하다.

효능 : 번열을 다스린다.

◉ **효능** 약한 비위

---

93) 대량(大兩) : 1대량은 120g이며 당나라의 도량형임.

36. 밀가루·산초·건강

1) 수제비[94]

治冷痢椒子乾薑等分末以醋和麪作小餛飩二七枚以水煮熟停冷空心粥下日一度

냉리[95]를 치료하려면 산초·건강을 같은 분량으로 하여 분말로 만들고, 밀가루에 산초가루·건강가루·식초를 넣어 반죽한다. 작은 만두 14개를 만들어 물에 삶아 익혀서 식기를 기다려 공복에 죽과 함께 먹는다. 하루에 1번씩 먹는다.

재료

재료	분량
㉠ 밀가루	3컵
물	1/2컵
㉡ 산초가루	1/4작은술
건강가루	1/4작은술
㉢ 식초	2큰술

밀가루(온)
+1

양념		
산초 (열)	건강 (대열)	식초 (온)
+2	+3	+1

1 밀가루에 분량의 물·산초가루·건강가루·식초를 넣고 반죽한다.

2 냄비에 물을 충분히 넣고 불에 올린다. 물이 끓으면 1의 반죽을 손에 물을 축여서 얇게 떼어 넣고 끓인다.

3 2가 떠올라 익으면 건져내어 식혀서 한번에 14개씩 쌀죽과 함께 먹는다.

◉ 약선 적용

밀가루 성은 온, 미는 감하다.

효능 : 오장을 돕는다. 보중(補中)한다.

산초 성은 열, 미는 신하다.

효능 : 속을 따뜻하게 한다.

---

94) 원문에는 혼돈(만두)을 만든다고 되어 있으나 소에 대한 기록이 없어 수제비로 하였음.
95) 냉리(冷痢) : 더운 날에 차가운 것을 많이 먹어 생긴 이질.

건강　성은 대열, 미는 신(辛)·고(苦)하다.

효능 : 한랭을 쫓는다. 설사를 멎게 한다. 비위를 따뜻하게 한다.

식초[96]　성은 온, 미는 산하다.

효능 : 심통(복통)을 다스린다.

차가운 것을 많이 먹어 비위를 포함한 몸이 냉해져서 생긴 이질이므로 짧은 시간 안에 몸을 따뜻하게 해주는 처방식을 제시하였다.

◉ **효능**　냉리

37. 청량미(靑粱米)[97]

1) 죽

治小便澁少靑粱米葱白各一兩豉汁中煮作粥食之

소변삽소를 치료하려면 청량미와 총백 각각 1냥을 된장국물에 넣고 끓여 죽을 만들어 먹는다.

---

96) 약선용 식초는 2~3년 묵은 미초(米醋)이다.
97) 청량미(靑粱米) : 생동찰.

재료

㉠ 청량미		1컵
총백(파밑동)		200g
물		6컵
㉡ 된장		2큰술

청량미(미한)	총백(한)
-1	-2

양념
된장(한)
-2

1 청량미를 씻어서 소쿠리에 건져 물기를 뺀다.

2 총백을 잘게 썬다.

3 바닥이 두터운 냄비에 분량의 물을 붓고 된장을 망에 걸러서 풀어 넣는다.

4 3에 1과 2를 담아 불에 올려서 끓인다. 한번 끓어오르면 불을 약하게 하고 쌀알이 푹 퍼지도록 나무주걱으로 저어주면서 서서히 끓인다.

◉ **약선 적용**

청량미 성은 미한, 미는 감하다.

효능 : 소변을 통하게 한다.

총백 성은 한, 미는 신하다.

효능 : 대소변을 통하게 한다.

된장 성은 한, 미는 감·함하다.

효능 : 장기(瘴氣)를 다스린다.

◉ **효능** 소변삽소

2) 밥

主胃痺熱中痟渴青粱米炊飯食之以米煮汁飮之亦可

위경련[98]과 열이 있는 소갈을 다스리려면 청량미로 밥을 지어 먹는다. 청량미 삶은 물을 마셔도 역시 좋다.

---

98) 위비(胃痺) : 위경련.

主泄痢靑粱米炊飯食之又以米煮汁飮之

설사를 다스리려면 청량미로 밥을 지어 먹는다. 또 청량미 삶은 물을 마신다.

主利小便靑粱米炊飯食之又以米煮汁食之

소변을 잘 나가게 하려면 청량미로 밥을 지어 먹는다. 또 청량미 삶은 물을 마신다.

재료

청량미	3컵
물	3 1/3컵

청량미(미한)
−1

1 청량미는 물에 씻어서 소쿠리에 건져 물기를 뺀다.

2 바닥이 두터운 냄비에 1과 분량의 물을 부어 센불에 올려 끓인다.

3 한번 끓어오르면 불을 중불로 줄이고 쌀알이 퍼지면 불을 약하게 줄여서 뜸을 충분히 들인다.

◉ **약선 적용**

청량미 성은 미한, 미는 감하다.

효능 : 비위의 열을 내린다. 소갈을 다스린다. 이질을 멎게 한다. 소변을 통하게 한다.

◉ **효능** 열이 있는 소갈, 설사, 소변삽소

38. 청량미 · 아욱 · 총백

1) 국

治老人淋小便秘澁煩熱燥痛四肢寒慄葵菜四兩切靑粱米三合硏葱白一握切煮
作羹下五味椒醬空心食之極治小便不通

노인의 임증[100]과 번열조통[101], 사지[102]가 한기를 느끼면서 떨리는 증세를 치료하려면 아욱 4냥을 썰고, 청량미 3홉을 갈며, 총백 한 움큼을 썬다. 함께 넣고 끓여 국으로 만들어서 양념·산초·간장을 넣어 공복에 먹는다. 소변불통을 치료하는데 매우 좋다.

재료

㉠ 아욱	160g
청량미	3/4컵
총백(대파밑동)	3뿌리
물	8컵
㉡ 산초가루	1/2작은술
간장	3큰술

아욱 (냉)	청량미 (미한)	총백 (한)
-1	-1	-2

양념	
산초(열)	간장(냉)
+2	-1

1 아욱은 줄기를 꺾고 껍질을 벗긴 다음 물에 씻어서 물기를 뺀다.

2 청량미는 물에 씻어서 소쿠리에 건져 물기를 뺀다.

3 총백은 잘게 썬다.

4 냄비에 분량의 물과 ㉡의 양념을 합하여 불 위에 올려놓고 끓인다. 끓어오르면 1·2·3을 넣고 끓이되, 한번 끓어오르면 불을 약하게 하여 서서히 끓인다.

◎ 약선 적용

아욱 성은 냉·한, 미는 감하다.

효능 : 오림[103]을 다스린다. 소변을 잘 나오게 한다. 오장과 육부의 한열을 없앤다.

청량미 성은 미한, 미는 감하다.

효능 : 소변을 통하게 한다.

총백 성은 한, 미는 신하다.

효능 : 대소변을 통하게 한다.

---

100) 임증(淋症) : 소변을 보려 하나 잘 나오지 않고 방울방울 떨어지며 요도의 하복부가 아픈 증상.
101) 번열조통(煩熱燥痛) : 몸에 열이 몹시 나고 가슴속이 답답하며 괴로운 증세.
102) 사지(四肢) : 팔과 다리.

산초	성은 열, 미는 신하다.
	효능 : 속을 따뜻하게 한다.
간장	성은 냉, 미는 감·함하다.
	효능 : 열을 없앤다.

◉ **효능**   노인의 임증과 번열조통 그리고 사지한기

39. 율무[薏苡]

1) 음청

治肺病唾膿血薏苡仁十兩杵碎水三升煎取一升入酒少許服之

피고름을 뱉는 폐병을 치료하려면 율무 10냥을 절구에 빻아 물 3되를 넣고 달여 1
되를 취한 다음 약간의 술을 넣고 마신다.

재료

㉠ 율무	400g
물	7 1/2컵
㉡ 술	1/2컵

율무(미한)	술(대열)
-1	+3

1 율무를 블렌더로 굵게 간다.

2 바닥이 두터운 냄비에 1과 ㉠의 물을 합하여 끓인다. 끓을
때까지 센불로 하고 끓어 오르면 불을 약하게 하여 액체가
2 1/2컵 정도가 되도록 조린다.

3 2를 베보자기에 담아 짜서 율무즙 2 1/2컵을 취한다.

4 3에 ㉡의 술을 합한다.

---

103) 오림(五淋) : 다섯 가지 임질. 기림(氣淋)·노림(勞淋)·고림(膏淋)·석림(石淋)·열림(熱淋).

◎ 약선 적용

율무　성은 미한, 미는 감하다.

　　　　효능 : 폐기를 주치한다. 피고름 토하는 것을 주치한다. 해수[104]를 주치한다.

술　　성은 대열, 미는 감 · 고하다.

　　　　효능 : 약세를 행한다. 혈맥을 통하게 한다.

　　　　율무즙에 대열의 성질인 술을 약간 넣어 처방식으로 한 것은 율무가 가진 미한의 성질을 평하게 하기 위함이다. 이렇게 해야만 장기간 복용이 가능하다.

◎ 효능　피고름을 토하는 폐병

2) 죽

治冷氣薏苡仁炊爲飯或煮粥亦佳自任無忌

냉기를 치료하려면 율무로 밥을 만들거나 죽으로 끓여도 역시 좋다. 편하게 먹으며 거리낄 것은 없다.

主消水腫薏苡仁一升爲末水二升煮兩匙末作粥空腹服之

수종을 없애려면 율무 1되를 가루로 만든다. 물 2되에 율무가루 2숟가락씩 넣고 끓여 죽을 만들어 공복에 먹는다.

治痟渴薏苡仁煮汁飮之

소갈을 치료하려면 율무를 끓인 즙을 마신다.

主利腸胃薏苡仁一升爲末水二升煮兩匙末作粥空腹服之

장위를 튼튼하게 하려면 율무 1되를 가루로 만든다. 물 2되에 율무가루 2숟가락씩 넣고 끓여 죽을 만들어 공복에 먹는다.

104) 해수(咳嗽) : 기침

재료

율무가루	1컵
물	6컵

율무(미한)
−1

1 율무를 씻어서 2시간 이상 물에 충분히 불린 다음 블렌더로 물을 부으면서 갈아 그대로 가라앉혀 윗물은 따라 버리고, 밑의 앙금을 햇볕에 말려 율무가루를 만든다.

2 1을 고운체로 내려 1컵을 준비한다.

3 2의 율무가루에 물을 조금씩 부어 되직하게 풀어 놓는다.

4 바닥이 두터운 냄비에 3에서 쓰고 남은 물을 부어 끓인다. 물이 끓으면 불을 약하게 하고 3을 조금씩 넣으면서 주걱으로 멍울이 생기지 않도록 잘 젓는다. 말갛게 될 때까지 서서히 익힌다.

◉ 약선 적용

율무   성은 미한, 미는 감하다.

효능 : 냉증에서 오는 기침을 주치한다. 수종(水腫, 부기)을 없애 몸을 가볍게 한다. 장위(腸胃)를 부드럽게 한다.

◉ **효능**   냉기 제거, 수종(부기) 제거, 소갈증, 튼튼한 장과 위

40. 좁쌀[粟米, 稷米]

1) 떡

治嘔吐湯飮不下粟米半升搗粉沸湯和丸桐子大煮熟點少鹽食之亦治反胃

구토가 있고 물을 먹어도 내려 보내지 못하는 것을 치료하려면 좁쌀 반 되를 찧어 가루로 만들어서 끓는 물에 반죽하여 오동나무열매 크기로 환을 만든다. 삶아 익혀서 약간의 소금을 쩍어 먹는다. 반위[105]도 치료할 수 있다.

治脾胃氣弱食不消化嘔逆反胃湯飮不下粟米半升杵末水和丸如桐子大煮熟下
少鹽空心和汁服之

비위의 기가 약하여 먹은 것이 소화되지 않고 토하며 음료수를 마셔도 내려 보내지 못하는 것을 치료하려면 좁쌀 반 되를 빻아 가루로 만들어서 물을 넣고 반죽하여 오동나무열매 크기로 환을 만든다. 삶아 익혀서 약간의 소금을 넣고 공복에 즙과 같이 먹는다.

재료

좁쌀가루	3컵
끓인 물	1/2컵

좁쌀(미한)
−1

1 좁쌀을 물에 충분히 담가 불려서 가루로 빻아 고운체에 내린다.

2 1에 분량의 끓인 물을 넣고 반죽하여 직경 2cm 정도의 경단을 동그랗게 빚는다.

3 냄비에 물을 넉넉히 붓고 불에 올린다. 물이 끓으면 2의 경단을 넣고 삶는다.

4 3의 경단이 익어서 떠오르면 건져내어 찬물에 담갔다가 재빨리 건져 물기를 뺀다.

5 소금을 곁들여낸다.

◉ **약선 적용**

좁쌀 성은 미한, 미는 함하다.

효능 : 비장과 위 속의 열을 제거한다.

◉ **효능** 건강한 비위와 반위

---

105) 반위(反胃) : 음식을 먹은 후 일정 시간이 지난 다음 토하는 증상.

2) 죽

治小兒重舌粟米作粥哺之

소아의 중설[106]을 치료하려면 좁쌀로 죽을 만들어 먹인다.

재료

좁쌀 1컵
물 6컵

좁쌀(미한)
−1

1 좁쌀을 씻어서 소쿠리에 건져 물기를 뺀다.

2 바닥이 두터운 냄비에 1의 좁쌀과 분량의 물을 넣고 끓인다.

3 한소끔 끓어오르면 불을 약하게 줄이고, 좁쌀알이 완전히 퍼지도록 나무주걱으로 저어주면서 서서히 끓인다.

◉ **약선 적용**

좁쌀 성은 미한, 미는 함하다.

효능 : 입안과 목구멍의 건조한 점막을 다스린다.

◉ **효능** 중설

3) 밥

主養腎氣粟米飯粥任意服之

신기를 기르려면 좁쌀로 밥이나 죽을 만들어 임의대로 먹는다.

治痟渴口乾粟米炊飯食之

소갈로 입이 마르는 것을 치료하려면 좁쌀로 밥을 만들어 먹는다.

---

106) 중설(重舌) : 혀 밑이 부어서 마치 작은 혀가 또 있는 것 같은 증상.

利胃宜脾補不足稷米作飯食之

위를 이롭게 하고 비의 부족한 것을 보충하려면 메조로 밥을 지어 먹는다.

재료

좁쌀   3컵
물   3 1/3컵

좁쌀(미한)
-1

1 좁쌀을 씻어서 소쿠리에 건져 물기를 뺀다.

2 냄비에 1의 좁쌀을 담고 분량의 물을 부어 센불에 올려 끓인다.

3 한번 끓어오르면 중불로 줄이고 쌀알이 퍼지면 불을 약하게 줄여서 뜸을 들인다.

◉ 약선 적용

좁쌀   성은 미한, 미는 함하다.

효능 : 신기(腎氣)를 기른다. 소갈을 다스린다. 보익한다. 비장과 위 속의 열을 제거한다.

◉ 효능   양신기(養腎氣), 소갈증, 보비위(補脾胃)

41. 좁쌀과 밀가루

1) 죽

治脾胃虛弱嘔吐不下食漸加羸瘦粟米四合白麪四兩拌和令均煮作粥空心食之
每日一服極養腎氣和胃

비위가 허약하여 구토가 있으며 음식을 내려 보내지 못하고 음식을 먹어도 점점 몸이 여위는 것을 치료하려면 좁쌀 4홉·흰 밀가루 4냥을 골고루 잘 섞어서 끓여 죽으로 만들어 공복에 먹는다. 매일 한 번씩 먹으면 신기(腎氣)를 기르고 위를 편안하게 한다.

治赤白痢麵熬粟米粥服方寸匕日三四服止
적백이질을 치료하려면 밀가루를 볶아서 좁쌀죽에 약숟가락[方寸匕]으로 퍼 넣어 하루 3~4번 복용한다.

재료

좁쌀	1컵
밀가루	160g
물	12컵

좁쌀(미한)	밀가루(온)
-1	+1

1 좁쌀을 씻어서 소쿠리에 건져 물기를 뺀다.
2 밀가루에 물을 조금씩 부어 되직하게 풀어 놓는다.
3 바닥이 두터운 냄비에 2에서 쓰고 남은 분량의 물과 1의 좁쌀을 담아 센불에 올려 끓인다.
4 한번 끓어오르면 중불로 약하게 줄이고 좁쌀알이 완전히 퍼지도록 주걱으로 저어주면서 서서히 끓인다. 거의 다 익었을 때 2를 조금씩 넣으면서 주걱으로 멍울이 생기지 않도록 잘 저어준다. 말갛게 익을 때까지 서서히 익힌다.

◉ **약선 적용**

좁쌀 성은 미한, 미는 함하다.
  효능 : 이질을 멈추게 한다. 비장과 위 속의 열을 제거한다. 보익한다. 기운을 북돋운다.

밀가루 성은 온, 미는 감하다.
  효능 : 위와 장을 튼튼히 한다. 속을 보한다. 기운을 북돋운다.

◉ **효능** 허약한 비위와 여윔, 적백이질

42. 좁쌀과 돼지간

1) 죽

治産後乳不下閉悶妨痛猪肝一具粟米一合如常法作粥空心食之

출산 후에 젖이 잘 나오지 않고 속이 답답하며 아픈 것을 치료하려면 돼지간 1개와

좁쌀 1홉으로 보통 요리하는 방법과 같이 죽을 만들어 공복에 먹는다.

재료

좁쌀	1/4컵
돼지간	300g
물	2컵

좁쌀(미한)	돼지간(온)
-1	+1

1 좁쌀을 씻어서 소쿠리에 건져 물기를 뺀다.

2 돼지간은 얇게 저며 썬다.

3 바닥이 두터운 냄비를 불에 올려놓고 2를 넣어 볶는다. 간이 누렇게 색깔이 변하면 1의 좁쌀을 넣고 함께 잠시 더 볶는다.

4 3에 분량의 물을 붓고 센불에서 끓인다.

5 한번 끓어오르면 불을 약하게 하고 나무주걱으로 저어주면서 쌀알이 푹 퍼지도록 충분히 끓인다.

◉ **약선 적용**

좁쌀 성은 미한, 미는 함하다.

효능 : 번민을 멎게 한다.

돼지간 성은 온, 미는 함하다.

효능 : 각기를 다스린다. 습(濕)을 제거한다.

◉ **효능** 출산 후의 번민 제거와 유즙 분비

43. 좁쌀과 붕어

1) 죽

治産後赤白痢臍肚痛不可忍不可下食鯽魚一斤粟米三合煮粥用濕紙裹魚煨熟去
骨細研候熟粥下魚入鹽醋調和空心服之

출산 후의 적백이질 및 참기 어려운 배꼽과 위의 통증 그리고 음식을 내려 보내지
못하는 것을 치료하려면 붕어 1근을 준비하고 좁쌀 3홉을 삶아 죽을 만든다. 젖은
종이로 붕어를 싸서 구워 익힌 다음 뼈를 제거하여 곱게 간다. 죽이 익으려고 할
때 곱게 간 붕어를 넣고 소금·식초로 간을 맞추어 공복에 먹는다.

재료

ㄱ 좁쌀   3/4컵
　붕어   640g
　물   5컵
ㄴ 식초
　소금

좁쌀(미한)	붕어(온)
-1	+1
양념	
식초(온)	소금(온)
+1	+1

1 좁쌀을 씻어서 소쿠리에 건져 물기를 뺀다.

2 큰 붕어의 비늘을 제거하고 배를 갈라 내장을 없앤 후 깨끗이 씻어 물기를 뺀다. 붕어살을 발라내어 곱게 다진다.

3 바닥이 두터운 냄비에 분량의 물을 넣고 1의 좁쌀을 담아 센 불에서 끓인다. 한번 끓어오르면 불을 약하게 하고 나무주걱으로 저어주면서 쌀알이 퍼지도록 충분히 끓인다.

4 끓고 있는 3의 죽물을 조금 떠서 2의 붕어살에 넣고 덩어리가 지지 않게 잘 갠다.

5 4를 3의 끓고 있는 죽에 넣고 나무주걱으로 저어주면서 죽을 쑨다.

6 그릇에 낼 때 소금과 식초를 곁들인다.

※ 또는 깨끗이 손질한 붕어를 쿠킹포일에 싸서 오븐에 넣고 구워 살만 발라내어 으깨서 죽이 익으려 할 때 넣어 만든다.

◉ 약선 적용

| 좁쌀 | 성은 미한, 미는 함하다. |

효능 : 이질을 멈추게 한다. 비장과 위 속의 열을 제거한다.

붕어   성은 평 또는 온, 미는 감하다.

효능 : 설사를 멎게 한다. 속을 조화롭게 한다. 소화시킨다.

식초   성은 온, 미는 산하다.

효능 : 심통(복통)을 다스린다.

◉ 효능   출산 후의 적백이질과 복통, 소화불량

44. 좁쌀과 총백

1) 죽

治小兒小便不通肚痛粟米一合葱白三七莖去鬚細切以水煮作稀粥臨熟投葱白
攪勻溫食之

소아의 소변불통과 위의 통증을 치료하려면, 좁쌀 1홉·총백 21뿌리를 준비하여 잔
뿌리를 제거하고 곱게 다진다. 좁쌀을 물에 끓여 묽은 죽을 만들어 익으려고 하면
총백을 넣고 골고루 섞어서 따뜻할 때 먹는다.

재료

좁쌀	1/4컵
총백(파밑동)	21뿌리
물	1 1/2컵

좁쌀(미한)	총백(한)
-1	-2

1 좁쌀을 씻어서 소쿠리에 건져 물기를 뺀다.

2 총백은 잔뿌리를 없앤 후 곱게 다진다.

3 바닥이 두터운 냄비에 분량의 물을 붓고 1의 좁쌀을 담아 센 불에서 끓인다. 한번 끓어오르면 불을 약하게 하고 나무주걱으로 저어주면서 쌀알이 퍼지도록 충분히 끓인다.

4 3이 거의 익으려고 할 때 2의 총백을 넣고 골고루 섞는다.

5 따뜻할 때 먹는다.

◉ **약선 적용**

좁쌀 성은 미한, 미는 함하다.

효능 : 신기(腎氣)를 기른다. 비장과 위 속의 열을 제거한다.

총백 성은 한, 미는 신하다.

효능 : 대소변을 통하게 한다.

◉ **효능** 소아의 소변불통과 위통증

45. 좁쌀 · 인삼 · 생강

1) 죽

治反胃吐酸水人參末生薑汁各半兩水二升煮取一升入粟米一合煮爲稀粥覺飢卽食

신물을 토하는 반위를 치료하려면 인삼가루와 생강즙을 각각 반 냥씩 준비하여 물 2되를 넣고 삶아 1되를 취한다. 여기에 좁쌀 1홉을 넣고 끓여 묽은죽을 만들어 배고픔을 느끼면 먹는다.

재료

좁쌀	1/4컵
인삼가루	20g
생강즙	20g
물	5컵

좁쌀 (미한)	인삼 (온)	생강 (미온)
−1	+1	+1

1 좁쌀을 씻어서 소쿠리에 건져 물기를 뺀다.

2 냄비에 준비한 물을 붓고 인삼가루와 생강즙을 합하여 약한 불에서 물 분량이 반으로 줄 때까지 달인다.

3 2에서 달인 물을 다시 냄비에 붓고 1의 좁쌀을 합하여 센불에서 끓인다. 한번 끓어오르면 불을 약하게 하고 나무주걱으로 저어주면서 쌀알이 퍼지도록 충분히 끓인다.

◉ **약선 적용**

좁쌀 성은 미한, 미는 함하다.

효능 : 비장과 위 속의 열을 제거한다.

인삼 성은 온, 미는 감 · 고(苦)하다.

효능 : 오장의 장기 부족을 다스린다. 구토를 멎게 한다.

생강[107] 성은 미온, 미는 신하다.

효능 : 반위[108]를 다스린다.

◉ **효능** 반위

---

107) 생강의 껍질은 한(寒)하고, 과육은 열(熱)하다. 껍질과 과육을 다 쓸 경우 성(性)은 미온하게 된다.
108) 105) 참조.

46. 붉은팥[赤小豆]

1) 죽

主熱中消渴赤小豆作粥食冷煖任意

열이 있는 소갈을 다스리려면 붉은팥으로 죽을 만들어 먹는다. 차갑거나 따뜻하게 먹는 것은 임의대로 한다.

재료

붉은팥	2컵
물	14컵

붉은팥(미한)
−1

1 팥은 씻어서 냄비에 담아 충분히 잠길 정도의 물을 부어 불에 올려서 끓인다. 끓어오르면 바로 물만 따라 버리고 다시 물 7컵을 부어 푹 무를 때까지 약한불에서 삶는다.

2 1이 물러졌으면 다른 그릇에 옮겨 담고 더울 때 나무주걱으로 대강 으깨서 체로 내리는데 쓰고 남은 나머지 물을 조금씩 부어가면서 내린다. 껍질은 버린다.

3 2를 냄비에 담아 약한불에서 나무주걱으로 가끔 저어주면서 끓인다.

◉ **약선 적용**

붉은팥 성은 미한 · 평, 미는 감 · 산하다.

효능 : 소갈을 멎게 한다.

◉ **효능** 열이 있는 소갈증 치료

2) 가루

治熱毒下血與或因食熱物發動赤小豆爲末水調服方寸匕

열독으로 인한 하혈이나 혹 뜨거운 것을 먹어서 생긴 열독을 치료하려면 붉은팥을
가루로 만들어서 약숟가락으로 퍼서 물에 합하여 먹는다.

재료

팥	2컵
물	14컵

붉은팥(미한)
→1

1 팥을 씻어서 냄비에 담고 충분히 잠길 정도의 물을 부은 다음 불에 올려서 끓인다. 끓어오르면 바로 물만 따라 버리고 다시 물을 부어 푹 무를 때까지 약한불에서 삶는다.

2 1이 물러졌으면 다른 그릇에 옮겨 담고 뜨거울 때 나무주걱으로 대강 으깨어 체로 내리는데 쓰고 남은 나머지 물을 조금씩 부어가면서 내린다. 껍질은 버리고 앙금은 가라앉힌다.

3 2에서 앙금이 완전히 가라앉으면, 윗물은 따라 버리고 앙금만 쟁반에 담아 햇볕에 말려 가루로 만든다. 혹은 팬에 앙금을 담아 약한불에서 나무주걱으로 저어주면서 볶아 가루로 만든다.

◉ **약선 적용**

붉은팥 성은 미한 · 평, 미는 감 · 산하다.

효능 : 종기로 인하여 열이 나는 것을 없애고 악혈(惡血)을 흩는다.

◉ **효능** 열독성 하혈

47. 녹두(綠豆)[109]

1) 백숙

主下氣壓熱綠豆者食之

하기[110]하고 열을 누르려면 녹두를 삶아서 먹는다.

主消腫下氣菉豆者食之

종기를 없애고 하기 하려면 녹두를 삶아서 먹는다.

療渴止小便數青小豆煮和粥飮食之

갈증을 치료하고 자주 보는 소변을 치료하려면 녹두를 삶아 미음에 섞어 먹는다.

재료		1 잘 씻은 녹두에 분량의 물을 붓고 1시간 이상 푹 무를 때까지
녹두	2컵	삶는다.
물	20컵	

녹두(평)
0

◉ 약선 적용

녹두   성은 평, 미는 감하다.

효능 : 종기를 소멸한다. 열을 눌러 하기한다. 소갈을 멎게 한다.

◉ **효능**   하기, 종기 소멸, 갈증과 자주 보는 소변

---

109) 녹두의 껍질은 한, 알갱이는 평하다. 여기에서는 알갱이만을 대상으로 한다.
110) 하기(下氣) : 기를 아래로 내려 보내는 작용.

48. 녹두와 달걀

1) 지짐이

治赤白痢銚子於火上以油小灼之後鷄卵和菉豆末得所如煎餅法熟食之

적백이질을 치료하려면 쟁개비를 불 위에 올려놓고 기름을 약간 넣는다. 달구어지면 녹두가루에 달걀을 합하여 전병과 같은 방법으로 지져 먹는다.

재료

녹두	4컵
물	30컵
달걀	4개
식용유	약간

녹두(평)	달걀(평)
0	0

1 잘 씻은 녹두에 40컵 정도의 물을 붓고 1시간 이상 중간 정도의 불에서 푹 무를 때까지 삶는다.

2 1이 물러졌으면 다른 그릇에 옮겨 담아 더울 때 나무주걱으로 대강 으깨어 체로 내리는데 분량의 물 30컵을 조금씩 부어가면서 내린다. 껍질은 버리고 앙금은 가라앉힌다.

3 2에서 앙금이 완전히 가라앉으면, 윗물은 따라 버리고 앙금만 쟁반에 담아 햇볕에 말려 가루로 만든다.

4 달걀을 풀어 놓는다.

5 3의 녹두가루에 4의 달걀을 합한다. 반죽상태를 보아 물을 첨가한다.

6 팬에 식용유를 두르고 5를 국자로 떠서 지진다.

◉ **약선 적용**

녹두 성은 평, 미는 감하다.

효능 : 오장을 화(和)하게 한다.

달걀 성은 평, 미는 감하다.

효능 : 이질을 다스린다.

◉ **효능** 적백이질

49. 흑임자[胡麻]와 꿀

1) 다식

治腰脚疼痛胡麻一升新者熬令香杵篩日服一大升計服一斗則永差酒飮羹汁蜜
湯皆可服之佳

허리와 다리가 아픈 것을 치료하려면 햇흑임자 1되를 향기가 나도록 볶아 절구에
찧어서 체에 내려 하루에 1대승[111] 정도 먹는다. 대략 1말 정도 복용하면 영원히 낫
는다. 술에 먹거나 국·즙·꿀물에 먹어도 모두 좋다.

治手脚酸痛兼微腫烏麻五升熬碎之酒一升浸一宿隨多少飮之

손발이 저리고 아프며 겸하여 약간의 부종을 치료하려면 흑임자 5되를 볶아 가루로
만들어 술 1되에 하룻밤 담가서 적당량을 마신다.

治署毒胡麻新者一升炒令黑色取出攤冷碾末新汲水調三錢匕或丸如彈子新水
化下凡着熱外不得 以冷物逼外得冷則死

서독[112]을 치료하려면 햇흑임자 1되를 검은빛이 돌도록 볶아서 꺼내어 펼쳐 식힌다.
식은 흑임자를 맷돌에 갈아 가루로 만든다. 새로 떠온 물을 삼전비[113]로 넣어 반죽
하여 탄알 크기만 하게 환을 만들어서 새로 떠온 물에 먹는다. 열기에 접촉하였을
때 외부에서 차가운 것으로 열기를 눌러서는 안 된다. 외부에서 냉기를 얻으면 사
망하게 된다.

主利小便胡麻子一升白蜜一升煉合之名曰精神丸空心腹之

소변을 잘나오게 하려면 흑임자 1되·흰꿀 1되를 고아 합한 것을 정신환이라 하는
데, 공복에 복용한다.

---

111) 1대승(一大升) : 약 713mL
112) 서독(暑毒) : 더위 먹은 증상.
113) 삼전비(三錢匕) : 3돈 정도 분량을 잴 수 있는 약숟가락.

精神丸利大便胡麻子一升白蜜一升煉合之常服治肺氣潤五臟填精髓

정신환은 대변을 잘 나가게 한다. 흑임자 1되·흰꿀 1되를 불에 고아서 합하여 상복한다. 폐기를 다스리며 오장을 윤택하게 하고 정수를 채워준다.

재료

흑임자	2컵
꿀	6큰술

흑임자(평)	꿀(평)
0	0

1 흑임자는 물에 불려 으깨며 씻어서 껍질을 벗긴 다음 소쿠리에 밭쳐 물기를 뺀다.

2 팬에 1을 담아 약한불에서 나무주걱으로 저어주면서 볶는다.

3 2를 절구에 담아 곱게 찧어 체로 내린다.

4 3에 분량의 꿀을 합하여 지름 2cm 정도의 크기로 빚어서 환을 만든다.

◉ 약선 적용

흑임자 성은 평, 미는 감하다

효능 : 신장을 튼튼히 한다. 근육을 굳세게 한다. 기력을 더한다. 오장을 불린다.

꿀 성은 평·온, 미는 감하다.

효능 : 기운을 북돋운다. 오장을 편하게 한다. 통증을 멎게 한다. 장 안에 쌓여 있는 배설물을 내리게 한다.

◉ **효능** 허리와 다리의 통증, 사지통증, 서독, 대·소변 불통 치료

50. 들깨[荏子]

1) 국

消宿食止上氣咳嗽溫中補體荏子擣作汁和羹食之

숙식을 소화시키고 기가 위로 올라가 기침하는 것을 멎게 하면서 속을 따뜻이 하여
몸을 보하려면 들깨를 빻아 즙을 내서 국에 넣어 먹는다.

재료

들깨	1컵
물	1컵

들깨(온)
+1

1 들깨는 물에 불려 으깨어 씻어 껍질을 벗겨서 소쿠리에 밭쳐
   물기를 뺀다.

2 팬에 1을 담고 약한불에서 나무주걱으로 저어주면서 볶는다.

3 분마기에 2를 담고 물을 조금씩 부어가면서 곱게 간다.

◉ **약선 적용**

들깨 성은 온, 미는 신하다.

효능 : 해수를 그친다. 속을 보한다. 비장을 돕는다.

◉ **효능** 소화불량, 해수

51. 소고기[牛肉]

1) 수육[熟肉]

溫中益氣養脾胃填骨髓牛肉如法食之

속을 따뜻하게 하고 기운을 북돋고 비위를 기르며 골수를 채우려면 소고기를 보통
방법과 같이 요리하여 먹는다.

主安中益氣牛肉任意熟食之

속을 편하게 하고 기운을 북돋으려면 소고기를 임의대로 익혀서 먹는다.

治水氣浮腫小便澁少牛肉一斤蒸令熟薑醋食之

수기 · 부종 · 소변삽소를 치료하려면 소고기 1근을 익도록 쪄서 생강과 식초를 넣어
먹는다.

재료		
㉠ 양지머리	600g	
물	10컵	
㉡ 진간장	2큰술	
생강즙	1큰술	
초	1큰술	

양지머리(평)
0

1 양지머리는 찬물에 담가 핏물을 뺀다.

2 냄비에 분량의 물을 붓고 끓인다. 끓어오르면 1의 고기를 넣는다. 다시 끓어오르면 불을 줄여서 서서히 무르게 삶는다.

3 2를 얇게 썰어 그릇에 담는다. 생강즙과 초를 탄 간장을 곁들인다.

◉ 약선 적용

소고기   성은 평 · 온, 미는 감하다.

효능 : 비위를 길러준다. 근골과 다리를 튼튼하게 한다. 소갈과 수종을 다스린다.

◉ 효능   온중익기 · 양비위 · 진골수, 소변감소 · 부종

52. 소위[牛肚]

1) 수육

主痟渴風眩補五臟牛肚醋煮食之

소갈과 풍현[114]을 다스리고 오장을 보하려면 소의 위에 식초를 넣어 삶아 먹는다.

재료

양(胖)	1kg
물	10컵
초	1/2컵

양(평)	식초(온)
0	+1

1 양은 뜨거운 물에 튀하여 껍질을 벗겨서 깨끗이 씻어 놓는다.

2 냄비에 분량의 물을 붓고 끓인다. 끓어오르면 1의 양과 분량의 식초를 넣는다. 다시 끓어오르면 불을 줄여서 서서히 무르게 삶는다.

3 2를 얇게 썰어 그릇에 담는다.

◉ **약선 적용**

양   성은 평, 미는 감하다.

효능 : 오장을 보한다. 비위를 기른다.

식초   성은 온, 미는 산하다

효능 : 혈량을 다스린다.

◉ **효능**   오장을 보함, 소갈과 현기증

---

114) 풍현(風眩) : 현기증

53. 우유(牛乳)

1) 음청

治病後虛勞黃牛乳一升(用五七歲者)水四升煎至一升飢則稍稍飮服至十日有效凡
牛乳性平補血脉益心長飢肉令人身體康强潤澤面目光悅志氣不衰故爲人子者
當須供之以爲常食一日勿闕恒使恣意充足爲度此物勝肉遠矣

병을 앓은 후에 허로[115]해진 것을 치료하려면 5~7살짜리 누런 소의 젖 1되와 물 4
되를 넣고 끓여 1되가 되도록 한다. 배가 고프면 조금씩 마시는데 10일이면 효험이
있다. 우유는 성질이 평해서 혈맥을 보하고 심장을 도와주며 기육[116]을 길러주고 사
람의 몸을 튼튼하게 한다. 또한 얼굴을 윤택하게 하고 눈을 밝히며 맑은 마음이 수
그러들지 않게 한다. 따라서 자식된 자로서 하루라도 빠지지 말고 노인이 매일 먹
을 수 있도록 당연히 공양하되 충분히 드려야 한다. 우유는 소고기보다 좋다.

재료

| 황소젖 | 2 1/2컵 |
| 물 | 10컵 |

우유(평)
0

1 바닥이 두터운 냄비에 분량의 물을 붓고 우유를 합하여 뭉근
한 불에서 2 1/2컵이 될 때까지 끓여 조린다.

◉ **효능**　병을 앓은 후의 허로

---

115) 허로(虛勞) : 몸의 정기와 기혈이 허손해진 증상.
116) 기육(肌肉) : 피부와 근육.

54. 돼지머리[猪頭]

1) 수육

治五痔猪頭一枚如食法煮令極熟停冷作膾以五辣醋食之觜不宜食

오치[117]를 치료하려면 돼지머리 1개를 보통 먹는 방법과 같이 푹 삶아 익힌다. 식기를 기다려 얇게 썰어서 오랄초[118]를 넣어 먹는다. 돼지주둥이는 먹어서는 안 된다.

主補虛乏去驚癎猪頭一枚治如食法煮令極熟停冷作膾以五辣醋食之然頭動風其觜尤毒

허핍을 보하고 경간[119]을 없애려면 돼지머리 1개를 보통 요리하는 방법과 같이 준비하여 푹 삶아 익힌다. 식기를 기다려 얇게 썰어서 오랄초를 넣어 먹는다. 그러나 머리에서 풍이 움직일 수 있다. 돼지주둥이는 독이 있어 더욱 조심하여야 한다.

재료

돼지머리	1개
물	적당

돼지머리(한) -2

1 돼지머리는 절반으로 쪼개어 찬물에 담가 핏물을 뺀다.

2 커다란 솥에 물을 넉넉히 부어 끓인다. 물이 끓으면 1의 돼지머리를 넣는다. 한소끔 끓어오르면 건져서 깨끗이 씻는다.

3 커다란 솥에 2의 돼지머리를 넣고, 고기가 충분히 잠기도록 물을 넉넉히 부어 끓인다. 물이 끓어오르면 불을 줄여서 서서히 뼈와 살이 분리될 때까지 무르게 삶는다.

4 뼈가 쉽게 빠질 정도로 물러지면 건진다. 식혀서 뼈와 주둥이를 모두 발라내고 얇게 썰어 접시에 담는다. 오랄초를 곁들인다.

---

117) 오치(五痔) : 모치(牡痔) · 빈치(牝痔) · 맥치(脈痔) · 장치(腸痔) · 기치(氣痔).
118) 오랄초(五辣醋) : 후추 · 생강 · 건강가루 · 초 · 장 또는 마늘 · 생강 · 파 · 겨자 · 여뀌.
119) 경간(驚癎) : 무섭고 놀라서 생긴 전간발작.

◉ 약선 적용

돼지머리　성은 한, 미는 고 · 함하다.

효능 : 오치를 제거한다. 허를 보한다. 기운을 북돋운다.

◉ 효능　오치, 허핍과 경간

55. 돼지심장[猪心]

1) 국

治産後中風血氣壅驚邪憂恚猪心一枚煮熟切以葱鹽椒調和作羹食之

출산 후의 중풍으로 혈기가 뭉치면서 놀라고 우울증이 있고 화를 잘 내는 것을 치료하려면 돼지심장 1개를 삶아 익혀서 썰어 파 · 소금 · 산초를 넣어 국을 만들어 먹는다.

재료

㉠ 돼지심장	1개
물	8컵
㉡ 대파	1뿌리
㉢ 산초가루	1/2작은술
소금	1 1/2큰술

돼지심장(열)
+2

양념	
파(평)	산초(열)
0	+2

1 돼지염통을 덩어리째 씻어서 핏물을 뺀 다음 힘줄을 도려내고 얇은 막을 벗겨낸다.

2 냄비에 물을 넉넉히 붓고 끓인다. 물이 끓어오르면 1의 돼지염통을 넣고 무르게 삶아 익혀서 먹기에 적당한 크기로 얇게 저며 썬다.

3 대파를 어슷어슷 썰어 놓는다.

4 냄비에 분량의 물과 2의 염통을 합하여 끓인다. 한소끔 끓으면 3의 대파와 ㉢의 양념을 넣는다.

◉ 약선 적용

돼지심장　성은 열, 미는 고 · 함하다.

효능 : 경사(驚邪)와 경간(驚癇)을 다스린다. 심혈(心血)의 부족을 보한다.

파　성은 평, 미는 신하다.

효능 : 중풍을 다스린다.

산초　성은 열, 미는 신하다.

효능 : 한습비통을 다스린다.

◉ **효능**　출산 후의 중풍으로 인한 뭉친 혈기 · 경사 · 우울증

56. 돼지혀[猪舌]

1) 국

能健脾補不足令人能食猪舌和五味煮取汁飮之

능히 비장을 튼튼히 하여 부족한 기를 보충하고 음식 섭취를 가능케 하려면 돼지혀

에 양념을 해서 삶아 그 즙을 마신다.

재료

㉠ 돼지혀　　1개
　물　　　　10컵
㉡ 산초가루
　된장

돼지혀(한)
−2

1　돼지혀는 기름과 핏줄을 떼어내고 칼등으로 긁어서 씻는다. 찬물에 담가 핏물을 뺀다.

2　냄비에 분량의 물을 부어 끓인다. 물이 끓어오르면 1의 돼지혀를 넣고 끓인다. 한소끔 끓으면 불을 약하게 하여 완전히 물러질 때까지 오랫동안 끓인다.

3　2를 베보자기로 받친다.

4　냄비에 3의 고기즙을 다시 담아 ㉡의 양념을 넣고 한소끔 끓인다.

◉ **약선 적용**

돼지혀 　성은 한, 미는 감하다.

　　　　 효능 : 비(脾)를 건강하게 한다. 식미(食味)를 증진시킨다.

◉ **효능** 　건강한 비장, 식미 증진

57. 돼지콩팥[猪腎]

1) 국

治虛勞骨蒸乍寒乍熱背膊疼瘦弱無力猪腎二枚去膜熟煮細切着鹽醬葱椒及米
糝作羹食之

허로로 인한 골증[120]으로 잠깐씩 추웠다 더웠다 하면서 등과 팔이 아프고 허약하며
무력한 것을 치료하려면 껍질을 벗긴 돼지콩팥 2개를 푹 삶아 잘게 썬다. 소금·간
장·파·산초·쌀가루를 넣어 국을 만들어 먹는다.

療産後虛勞骨節疼痛頭痛汗不出猪腎一隻煮入葱豉作臛如常食之

출산 후의 허로로 인하여 골절동통[121]과 두통이 있으면서 땀이 나지 않는 것을 치료
하려면 돼지콩팥 1개를 삶아서 파·된장을 넣고 고깃국을 만들어 평상시와 같이 먹
는다.

120) 골증(骨蒸) : 허로로 뼛속이 후끈후끈 달아오르는 증상.
121) 골절동통(骨節疼痛) : 뼈마디가 아파 삭신이 쑤시는 증세.

재료

㉠ 돼지콩팥	2개
물	8컵
㉡ 소금	1큰술
간장	1큰술
산초가루	1/2작은술
㉢ 쌀가루	1컵
㉣ 대파	1뿌리

돼지콩팥(한)
-2

양념			
간장 (냉)	파 (평)	산초 (열)	쌀가루 (평)
-1	0	+2	0

1 돼지콩팥은 덩어리째 씻어서 반을 갈라 기름과 힘줄을 떼어내고 얇은 막을 벗긴다.

2 냄비에 물을 넉넉히 부어 끓인다. 물이 끓어오르면 1의 돼지콩팥을 넣고 무르게 삶아 익혀서 먹기에 적당한 크기로 얇게 저며 썬다.

3 대파는 어슷어슷 썰어 놓는다.

4 냄비에 ㉠의 물과 2의 고기를 합하여 끓인다. 한소끔 끓으면 3의 대파와 ㉡의 양념을 넣고 ㉢의 쌀가루를 넣어 한소끔 끓인다.

◎ 약선 적용

돼지콩팥   성은 한, 미는 고 · 함하다.

효능 : 신장을 보한다. 골증을 다스린다.

◎ 효능   허로성 골증

58. 돼지간[猪肝]

1) 국

治水氣脹滿浮腫猪肝一具煮作羹任意下飯
수기로 인한 창만과 부종이 있는 것을 치료하려면 돼지간 1개를 삶아 국을 만들어 임의대로 밥을 넣어 먹는다.

재료

㉠ 돼지간	1개
물	8컵
㉡ 산초가루	1/2작은술
된장	2큰술
㉢ 대파	1뿌리

돼지간(온)
+1

1 돼지간은 얇은 막을 벗기고 힘줄과 기름을 떼어낸다.

2 냄비에 물을 넉넉히 부어 끓인다. 물이 끓어오르면 1의 돼지간을 넣고 무르게 삶아 익혀서 먹기 좋은 크기로 얇게 저며 썬다.

3 대파를 어슷어슷하게 썰어 놓는다.

4 냄비에 분량의 물을 넣고 된장을 망에 걸러서 푼다. 여기에 2의 돼지간을 합하여 끓인다. 한소끔 끓으면 3의 대파와 ㉡의 산초가루를 넣고 한소끔 끓인다.

◉ 약선 적용

돼지간 성은 온하다.

효능 : 습(濕)을 제거한다. 각기를 다스린다.

◉ 효능 수기성 창만과 부종

2) 회

治腫從足始轉入腹猪肝一具洗切細布絞更以醋洗以蒜虀食之不盡分作兩頓亦得

다리부터 시작하여 배까지 부종이 있는 것을 치료하려면 돼지간 1개를 씻어 잘게 썰어서 삼베에 담아 묶는다. 식초로 씻어서 마늘에 버무려 먹는다. 한 번에 다 먹지 못하면 나누어서 2번에 걸쳐 먹어도 좋다.

재료

㉠ 돼지간   1개
㉡ 식초   5컵
㉢ 다진 마늘   1컵

돼지간(온)
+1

양념	
마늘(열)	식초(온)
+2	+1

1 돼지간의 얇은 막을 벗기고 힘줄과 기름을 떼어낸다. 이것을 먹기 좋은 크기로 얇게 포를 뜬다.

2 1을 삼베주머니에 넣고 주머니를 묶어서 식초에 담갔다가 꺼낸다.

3 2에 ㉢의 다진 마늘을 넣고 버무린다.

◉ **약선 적용**

돼지간   성은 온하다.

           효능 : 각기를 다스린다.

마늘   성은 온 · 열, 미는 신하다.

           효능 : 습(濕)을 없앤다.

식초   성은 온, 미는 산하다.

           효능 : 종(腫)을 없앤다.

◉ **효능**   부종 · 각기

59. 돼지간 · 달걀 · 총백

1) 국

治肝臟虛弱遠視無力猪肝一具去膜細切葱白一握去鬚切雞子三枚豉汁煮作羹
臨熟打破雞子投在內食之

간장이 허약하여 멀리 있는 것을 보지 못하는 것을 치료하려면 껍질 벗겨 잘게 썬 돼지간 1개 · 잔뿌리를 없애고 잘게 썬 총백 한 움큼 · 달걀 3개를 준비한다. 된장국 물에 돼지간과 총백을 넣고 끓여 국을 만든다. 익으려고 할 때 달걀을 깨뜨려 넣어 먹는다.

재료

㉠ 돼지간		1개
물		8컵
㉡ 총백(대파밑동)		3뿌리
㉢ 달걀		3개
㉣ 된장		2큰술

돼지간 (온)	총백 (한)	달걀 (평)	된장 (한)
+1	-2	0	-2

1 돼지간은 얇은 막을 벗기고 힘줄과 기름을 떼어낸다. 이것을 먹기 좋은 크기로 얇게 포를 뜬다.

2 총백은 어슷어슷 썰어 놓는다.

3 냄비에 분량의 물을 넣고 된장을 망에 걸러서 풀고 1의 돼지간을 합하여 끓인다. 간이 무르게 익으면 2의 대파를 넣고 달걀 3개를 깨뜨려 넣어 한소끔 끓인다.

◉ 약선 적용

돼지간　성은 온하다.

　　　　효능 : 간풍을 다스린다. 눈을 밝힌다.

총백　성은 한하고, 미는 신하다.

　　　　효능 : 간사(肝邪)를 없앤다.

달걀　성은 평, 미는 감하다

　　　　효능 : 오장을 편히 한다.

된장   성은 한, 미는 감·함하다

             효능 : 장기(瘴氣)를 다스린다.

◉ **효능**   허약한 간장

60. 황구육(黃狗肉)[122]

1) 수육

主溫補宜腰腎起陽道正黃拘肉隨意蒸煮頻食之佳

허리와 신장을 따뜻하게 보하고 양도[123]를 일으키게 하려면 황구육을 찌거나 삶아 자주 먹으면 좋다.

主益陽事補血脉厚腸胃實下焦塡精髓犬肉和五味煮爛空腹食之不與蒜同食頓損人又不可炙食恐成消渴若去血則力少不益人瘦者不可食

양사[124]를 도와주고 혈맥을 보하며 장위를 튼튼하게 하고 하초와 정수를 실하게 하려면 양념을 넣은 개고기를 삶아 익혀서 공복에 먹는다. 마늘과 같이 먹어서는 안 된다. 이는 사람에게 손해가 되기 때문이다. 또한 소갈이 생길 수 있으므로 구워 먹지 않는다. 개피를 제거하면 힘이 적어지고 사람에게도 도움이 되지 않는다. 마른 사람은 먹지 말아야 한다.

---

122) 황색의 수캐가 상품(上品)이다. 백구와 흑구는 그 다음이다. 혈액은 버리면 효과가 없다.
123) 양도(陽道) : 남성의 생식 능력.
124) 양사(陽事) : 성생활.

재료

㉠ 황구육	1kg
물	10컵
㉡ 된장	2큰술
미나리	10뿌리
호두	5개
대파	2뿌리
㉢ 겨자가루	4큰술
물	2큰술
식초	2큰술
소금	2작은술

황구육(온)
+1

1 황구육의 피는 빼지 말고 깨끗이 씻어 물기를 뺀다.

2 미나리는 뿌리째 깨끗이 씻어 돌돌 말아 묶는다.

3 호두는 깨지지 않게 껍질에 3~4개의 구멍을 뚫어 놓는다.

4 대파는 잘 씻어 10cm 길이로 썬다.

5 냄비에 분량의 물을 담아 ㉡의 된장을 풀어 넣고 끓인다. 물이 끓으면 2의 미나리, 3의 호두, 4의 대파를 넣고 1의 황구육을 넣는다. 다시 끓어오르면 불은 약하게 하여 무르도록 삶는다.

6 ㉢의 겨자가루에 물 2큰술을 넣고 개어서 김이 오르는 뚜껑에 잠시 엎어 매운맛을 낸다. 여기에 식초 2큰술·소금 2작은술을 넣어 겨자장을 만든다.

7 5의 고기가 삶아지면 얇게 편으로 썰어 접시에 담는다. 6의 겨자장을 곁들인다.

◉ **약선 적용**

황구육 성은 온, 미는 산·함하다.

효능 : 허리와 무릎을 따뜻하게 한다. 양도(陽道)를 일으킨다. 오장을 편히 한다. 혈맥을 돕는다. 위와 장을 튼튼하게 한다.

◉ **효능** 양도를 일으킴, 혈맥을 보함, 위와 장을 튼튼하게 함, 하초와 정수를 실하게 함, 허리와 신장을 보함.

61. 오골계[烏鷄]

1) 국

治風寒濕痺五緩六急烏鷄一隻治如食法令極熟作羹食之

풍한습으로 인한 비증[125]과 오완육급[126]을 치료하려면 오골계 1마리를 보통 먹는 법과 같이 다루어 무르도록 익혀서 국으로 만들어 먹는다.

재료

재료	분량
㉠ 오골계	1마리
물	8컵
소금	약간
㉡ 된장	1큰술
다진 생강	2작은술
산초가루	1/4작은술
간장	1큰술

오골계(온)
+1

양념			
된장 (한)	산초 (열)	생강 (온)	간장 (냉)
−2	+2	+1	−1

1 오골계의 배를 갈라 내장을 꺼내고 깨끗이 씻어서 물기가 빠지도록 세워둔다.

2 바닥이 두터운 냄비에 물을 붓고 끓인다. 끓으면 1을 넣고 약한불에서 2시간 이상 물을 보충하면서 무르게 삶는다.

3 2의 오골계가 충분히 익으면 건져서 살만 발라 뜯어 놓고, 국물은 식혀서 기름을 걷어낸다.

4 3의 닭국물에 3의 고기를 다시 넣고 ㉡의 된장을 망에 걸러서 푼다. 다진 생강·산초가루·간장을 넣어 한소끔 끓인다.

◉ 약선 적용

오골계 성은 온, 미는 감하다.

효능 : 풍한습(風寒濕)으로 인하여 생기는 비증을 다스린다. 나쁜 기운을 없

---

125) 비증(痺症) : 몸이 저리고 아픈 증상
126) 오완육급(五緩六急) : 오장(간장·심장·비장·폐장·신장)의 균형이 깨져서 이완되는 증상 및 육부(담·위·대장·소장·방광·삼초)의 균형이 깨져서 위급하게 되는 증상. 오장(五臟)은 정기(精氣)를 저장하여 밖으로 흘려보내서는 안 되며, 육부(六腑)는 음식물을 옮기고 소화시켜 속에 저장해서는 안 된다. 오장이 이완되어 저장하지 못하고 육부가 배출하지 못하면 비증이 나타난다.

앤다. 악기를 물리친다.

원문에는 된장·산초·생강·간장으로 양념하라는 구체적인 기술은 없지만 보통 먹는 방법과 같이 다룬다는 구절이 있다. 따라서 양념으로 이들을 사용하였으나, 오골계 자체가 성이 온(溫)하므로 풍한습의 치료식이 된다. 만일 오골계를 치료식이 아닌 평상의 음식으로 먹을 경우 오골계의 온성을 평하게 해야 하므로 냉성(冷性)의 식품을 첨가해야 한다.

◉ **효능**　풍한습으로 인한 비증과 오완육급

62. 오자계(烏雌鷄, 검은 암탉)

1) 국

主中惡腹痛烏雌鷄肉治如食法任意食之

중악[127]으로 인한 복통을 주치하려면 검은암탉을 보통 먹는 방법과 같이 다루어 임의대로 먹는다.

---

127) 86) 참조.

재료

ⓐ 오자계　　1마리
　 물　　　　8컵
　 소금　　　약간
ⓑ 된장　　　1큰술
　 다진 생강　2작은술
　 산초가루　1/4작은술
　 간장　　　1큰술

오자계(온)			
+1			
양념			
된장 (한)	산초 (열)	생강 (온)	간장 (냉)
-2	+2	+1	-1

1　오자계의 배를 갈라서 내장을 꺼내고 깨끗이 씻어서 물기가 빠지도록 세워둔다.

2　바닥이 두터운 냄비에 물을 붓고 끓인다. 끓으면 1의 닭을 넣고 약한불에서 물을 보충해 가며 무르게 삶는다.

3　2의 닭이 충분히 익으면 건져서 살만 발라 뜯어 놓고, 국물은 식혀서 기름을 걷어낸다.

4　3의 닭국물에 3의 고기를 다시 넣고는 ⓑ의 된장을 망에 걸러서 푼다. 다진 생강 · 산초가루 · 국간장을 넣어 한소끔 끓인다.

◉ 약선 적용

오자계　성은 온, 미는 감하다.

　　　효능 : 사(邪, 나쁜 기운)를 없앤다. 악기를 물리친다.

　　원문에는 양념한다는 기술이 없지만 보통 먹는 법과 같이 다룬다는 구절이 있으므로 된장 · 산초 · 생강 · 간장을 양념으로 하여 국을 만들었다. 치료식이다.

◉ 효능　　중악으로 인한 복통

63. 오웅계(烏雄鷄, 검은 수탉)

1) 국

治心腹惡氣烏雄鷄肉治如食法任意食之

가슴과 배의 악기[128]를 치료하려면 검은 수탉을 보통 먹는 방법과 같이 다루어 임의 대로 먹는다.

재료

㉠ 오웅계	1마리
물	8컵
㉡ 된장	1큰술
㉢ 다진 생강	2작은술
산초가루	1/4작은술
간장	1큰술

오웅계(미온)			
+1			
양념			
된장 (한)	산초 (열)	생강 (온)	간장 (냉)
-2	+2	+1	-1

1 오웅계의 배를 갈라서 내장을 꺼내고 깨끗이 씻어서 물기가 빠지도록 세워둔다.

2 바닥이 두터운 냄비에 분량의 물을 붓고 끓인다. 끓으면 1의 닭을 넣고 약한불에서 물을 보충해가며 무르게 삶는다.

3 2의 닭이 충분히 익으면 건져서 살만 발라 뜯어 놓고, 국물은 식혀서 기름을 걷어낸다.

4 3의 닭국물에 3의 고기를 다시 넣고는 ㉡의 된장을 망에 걸러서 푼다. ㉢의 양념을 넣어 한소끔 끓인다.

◉ 약선 적용

오웅계 성은 미온, 미는 감하다

효능 : 심복(心腹)의 악기를 다스린다.

원문에는 양념한다는 구체적인 기술이 없지만 보통 먹는 방법과 같이 다룬다는 구절이 있으므로 된장·산초·생강·간장을 양념으로 넣어 국을 만들

---

128) 악기(惡氣) : 나쁜 기운

어 보았다. 치료식이다.

◉ **효능**   가슴과 배의 악기 제거

2) 찜

主甚補益虛弱人烏雄鷄一隻治如食法五味汁和肉一器中封口重湯中煮之使骨
肉離去卽食之

허약한 사람을 크게 보하고 기운을 북돋아 주려면 검은 수탉 1마리를 보통 요리하
는 방법과 같이 준비한다. 양념과 고기를 합하여 그릇 속에 담아 아가리를 봉한 다
음 중탕하여 삶는다. 뼈와 살이 서로 분리되면 먹는다.

재료

㉠ 오웅계   1마리
　 대파   1뿌리
㉡ 된장   1큰술
　 다진 생강   1작은술
　 산초가루   1/4작은술

오웅계(미온)			
+1			
양념			
된장 (한)	생강 (온)	산초 (열)	대파 (평)
-2	+1	+2	0

1 오웅계의 꼬리 쪽을 조금 갈라서 내장을 꺼내고 깨끗이 씻어서 물기가 빠지도록 세워둔다.
2 대파는 3cm 길이로 썬다. 대파에 ㉡의 양념을 합하여 버무린다.
3 1의 오웅계 뱃속에 2를 집어넣고 갈라진 자리를 대꽂이로 꿰어 고정시킨다.
4 3을 그릇에 담아 뚜껑을 덮는다. 이것을 통째로 찜통에 넣어 중탕하여 뼈와 살이 분리 될 정도로 무르게 익힌다.

◉ **약선 적용**

　오웅계   성은 미온, 미는 감하다.

　　　　　효능 : 허약을 다스린다.

◉ **효능**   허약증

64. 황자계(黃雌鷄, 누런 암탉)

1) 구이

治脾胃氣弱黃雌鷄一隻治如常法炙搥更以鹽醋刷炙令透熟空心食之

허약한 비위의 기를 치료하려면 누런 암탉 1마리를 보통 요리하는 방법과 같이 굽고, 소금과 식초를 발라 속까지 푹 익도록 다시 구워 공복에 먹는다.

治脾胃氣虛腸滑下痢黃雌鷄一隻治如食法炙搥更以鹽醋刷炙之令通透熟空心食之

허약한 비위·장활[129]·설사이질증을 치료하려면 누런 암탉 1마리를 보통 요리하는 방법과 같이 굽고 소금과 식초를 발라 속까지 푹 익도록 다시 구워 공복에 먹는다.

재료

- ㉠ 황자계　　　1마리
- ㉡ 식초　　　　1큰술
- 소금

황자계(평)	식초(온)
0	+1

1　황자계를 깨끗이 손질하여 먹기 좋은 크기로 토막 내어 후춧가루를 뿌려 놓는다.

2　바닥이 두꺼운 팬을 달구고 1의 닭조각을 잘 펴 얹어 양면을 고루 익힌다.

3　2에 식초와 소금을 발라 다시 팬에 얹어서 속까지 무르게 익힌다.

◉ 약선 적용

황자계　성은 평, 미는 감·산·함하다.

　　　　효능 : 오장을 보익한다.

식초　　성은 온, 미는 산하다

---

129) 장활(腸滑) : 대변을 참을 수 없어 변소에 자주 가는 증세.

효능 : 미괴(癥塊)의 견적(堅積)을 제거한다.

◉ **효능**　　허약한 비위, 설사이질증

2) 국

治痟渴傷中小便無度黃雌鷄一隻治如食法煮令極熟漉去鷄停冷取汁飮之

소갈로 자주 보는 소변을 치료하려면 누런 암탉 1마리를 보통 요리하는 방법과 같이 준비하여 무르도록 푹 삶는다. 닭은 건져내고 그 즙을 취하여 식혀서 갈증이 있을 때 마신다.

재료

㉠ 황자계　　　1마리
　물　　　　　8컵
㉡ 된장　　　　1큰술
　다진 생강　　2작은술
　산초가루　　1/4작은술
　간장　　　　1큰술

황자계(평)			
0			

양념			
된장 (한)	산초 (열)	생강 (온)	간장 (냉)
-2	+2	+1	-1

1 황자계의 배를 갈라서 내장을 꺼내고 깨끗이 씻어서 물기가 빠지도록 세워둔다.

2 바닥이 두터운 냄비에 물을 붓고 끓인다. 물이 끓으면 1의 닭을 넣고 약한불에서 고기가 완전히 물러지도록 삶은 다음 고기를 건져낸다.

3 2의 닭육수에 ㉡의 양념을 넣고 한소끔 끓인다.

◉ **약선 적용**

　황자계　성은 평, 미는 감 · 산 · 함하다.

　　　　효능 : 소갈을 다스린다. 소변이 잦은 것을 다스린다.

◉ **효능**　　소갈과 자주 보는 소변

65. 황자계와 붉은팥[赤小豆]

1) 국

主腹中水癖水腫黃雌雞一隻理如食法和赤小豆一升同煮候豆爛卽出食之其汁
日二夜一每服四合補丈夫陽氣治冷氣瘦着床者漸漸食之良

배에 수벽[130]이 있거나 수종이 있는 것을 다스리려면 누런 암탉 1마리를 보통 요리
하는 방법과 같이 준비하여 붉은팥 1되와 함께 끓인다. 팥이 문드러질 정도로 삶아
지면 꺼내어 그 즙을 낮에 2번 밤에 1번 4홉씩 먹는다. 남자의 양기를 보충해주며
냉기를 치료한다. 몸이 수척하여 항상 누워 있는 사람도 조금씩 먹으면 좋다.

재료

황자계	1마리
붉은팥	2 1/2컵
물	20컵

황자계(평)	붉은팥(평)
0	0

1 황자계의 배를 갈라서 내장을 꺼내고 깨끗이 씻어서 물기가
빠지도록 세워둔다.

2 팥을 씻어서 냄비에 담고 팥이 충분히 잠길 정도의 물을 붓
고 불에 올려서 끓인다. 끓어오르면 바로 물만 따라 버리고,
다시 분량의 물을 부어 푹 무를 때까지 약한불에서 삶는다.

3 2의 팥이 어느 정도 물러지면 1의 닭을 넣고 약한불에서 닭
과 팥이 완전히 물러질때까지 끓인다. 고기는 건져낸다.

4 베보자기에 3을 담아 짜서 즙을 취한다.

◉ 약선 적용

황자계 성은 평, 미는 감 · 산 · 함하다

효능 : 오장을 보익한다. 양기를 돕는다.

붉은팥 성은 미한 · 평, 미는 감 · 산하다

---

130) 수벽(水癖) : 물을 많이 마신 것이 원인이 되어 생긴 적병의 한 가지로 주로 옆구리 밑에 생김.

효능 : 수종을 없앤다. 소변에 좋다.

◉ **효능**   수벽, 양기 보충, 병약한 사람

66. 황자계 · 밀가루 · 총백

1) 만두

治脾胃氣弱不多食痿瘦黃雌鷄肉五兩白麵七兩葱白細切二合以切肉作餛飩下
椒醬五味調和煮熟空心食之日一服益藏腑悅顔色

비위의 기가 약하여 음식을 많이 먹지 못하고 몸이 저리고 마르는 증상을 치료하
려면 잘게 썬 누런 암탉고기 5냥, 흰 밀가루 7냥, 잘게 썬 총백 2홉을 준비하여 산
초 · 간장 등의 양념을 넣고 만두를 만들어서 삶아 익힌다. 공복에 먹는다. 하루에
1번씩 먹으면 오장육부에 도움이 되고 얼굴빛이 윤택해진다.

재료

㉠ 밀가루　　1 1/2컵
　 물　　　　5큰술
㉡ 황자계육　200g
㉢ 다진 총백　1/2컵
㉣ 산초가루　1/4작은술
　 간장　　　1 1/2큰술

황자계 (평)	밀가루 (온)	총백(한)
0	+1	−2

양념	
산초(열)	간장(냉)
+2	−1

1 밀가루에 분량의 물을 넣고 반죽하여 30분 정도 두었다가
치댄다. 밀판에 올려놓고 홍두깨로 얇게 밀어서 지름 8cm
정도의 둥근 틀로 떠내어 만두피를 만든다.

2 황자계육은 곱게 다져서 ㉢의 다진 총백과 ㉣의 양념을 합하
여 소로 만든다.

3 1의 만두피에 2의 소를 넣고 빚는다.

4 냄비에 물을 담아 끓인다. 물이 펄펄 끓으면 3의 만두를 넣
고 만두가 위로 떠오를 때까지 끓인다.

◉ 약선 적용

황자계　성은 평, 미는 감·산·함하다

　　　　효능 : 오장을 보익한다. 반위를 다스린다. 풍한습의 비(저림증)를 주치한다.

밀가루　성은 온, 미는 감하다

　　　　효능 : 위장을 튼튼히 한다. 기력을 강하게 한다.

총백　　성은 한, 미는 신하다.

　　　　효능 : 오장을 통리한다.

산초　　성은 열, 미는 신하다

　　　　효능 : 한습비통을 다스린다. 속을 따뜻하게 한다.

간장　　성은 냉, 미는 함·산하다

　　　　효능 : 열을 없앤다.

◉ 효능　약한 비위, 한습비통

67. 단웅계(丹雄鷄)

1) 수육

主婦人崩中漏下赤白沃丹雄鷄肉任食之

부인의 붕중누하[131]로 인하여 적백대하가 흐를 때, 붉은 수탉고기를 임의대로 먹는다.

131) 붕중누하(崩中漏下) : 비정상적인 자궁출혈로 붕루(崩漏)라고도 함.

재료

단웅계	1마리
물	적당

단웅계(미온)
+1

1 단웅계의 배를 갈라 내장을 꺼내고 깨끗이 씻어서 물기가 빠지도록 세워둔다.

2 바닥이 두터운 냄비에 물을 붓고 끓인다. 물이 끓으면 1의 닭을 넣고 삶아 익힌다.

3 2의 삶은 수육(熟肉)을 수시로 먹는다.

◉ 약선 적용

단웅계 성은 미온·한 , 미는 감하다

효능 : 자궁을 튼튼히 한다. 속을 따뜻하게 한다.

◉ **효능** 부인의 붕중누하

68. 단웅계와 밀가루

1) 국수

治養胎臟及胎漏下血心煩口乾丹雄雞一隻治如食法作臛麪一斤搜作索餠熟煮和臛食之

태장[132]을 기르고 태루[133]·하혈·심번·구건[134]을 치료하려면, 붉은 수탉 1마리를 보통 요리하는 방법과 같이 준비하여 고깃국을 만든다. 밀가루 1근으로 반죽하여 국수를 만들어서 끓여 익혀 고깃국에 합하여 먹는다.

재료

㉠ 밀가루	3컵
물	1/2컵
㉡ 단웅계	1마리
㉢ 된장	1큰술
㉣ 물	8컵
㉤ 다진 생강	2작은술
산초가루	1/4작은술
간장	1큰술

단웅계(미온)	밀가루(온)
+1	+1

양념		
된장(한)	생강(온)	산초(열)
-2	+1	+2

1 밀가루에 물을 넣고 반죽하여 30분 정도 두었다가 치댄다. 밀판에 올려놓고 홍두깨로 얇게 민다. 이것을 둘둘 말아 칼로 썰어 헤쳐 놓는다.

2 단웅계의 배를 갈라서 내장을 꺼내고 깨끗이 씻어서 물기가 빠지도록 세워둔다.

3 바닥이 두터운 냄비에 분량의 물을 붓고 끓인다. 끓으면 2의 닭을 넣고 약한불에서 물을 보충하면서 무르게 삶는다.

4 3의 닭이 충분히 익으면 건져서 살만 발라 뜯어 놓고, 국물은 식혀서 기름을 걷어낸다.

5 4의 닭국물에 ㉢의 된장을 망에 걸러서 풀어 넣고 불에 올려 끓인다.

6 5가 펄펄 끓으면 1의 국수를 헤쳐 넣어 끓인다. 국수가 익어 떠오르기 시작하면 4의 닭고기와 ㉤의 양념을 넣고 잠시 더 끓인다.

◉ 약선 적용

단웅계 성은 미온 · 한 , 미는 감하다

효능 : 자궁을 튼튼히 한다. 속을 따뜻하게 한다. 통신(通神)한다.

밀가루 성은 온, 미는 감하다.

효능 : 속을 보충한다. 오장을 돕는다. 조갈증과 구갈증을 없앤다.

◉ **효능** 태루 · 심번 · 구건 치료, 튼튼한 태아의 장부

---

132) 태장(胎臟) : 태아의 장부.
133) 태루(胎漏) : 복통이 없이 자궁 출혈이 있는 증상.
134) 구건(口乾) : 입이 마르는 증상.

69. 백웅계

1) 국

療痟渴利小便白雄雞一隻煮令熟和五味作羹粥食之

소갈을 치료하고 소변을 잘 나가게 하려면 흰 수탉 1마리를 익도록 삶아 양념을 넣고 국이나 죽으로 만들어 먹는다.

治狂邪癲癎不欲眠臥自賢智妄行不休白雄雞一隻煮令熟和五味作羹粥食之

광사로 온 간질과 잠을 자지 못하여 자신이 현명하고 지혜롭다고 착각하면서 망령된 행동을 끊임없이 하는 것을 치료하려면 흰 수탉 1마리를 삶아 익혀서 양념을 넣어 국이나 죽을 만들어 먹는다.

재료

㉠ 백웅계	1마리
물	8컵
㉡ 된장	1큰술
㉢ 다진 생강	2작은술
산초가루	1/4작은술
간장	1큰술

백웅계(한)
-2

양념			
된장 (한)	산초 (열)	생강 (온)	간장 (냉)
-2	+2	+1	-1

1 백웅계의 배를 갈라서 내장을 꺼내고 깨끗이 씻어서 물기가 빠지도록 세워둔다.

2 바닥이 두터운 냄비에 분량의 물을 붓고 끓인다. 물이 끓으면 1의 닭을 넣고 약한불에서 물을 보충하면서 무르게 삶는다.

3 2가 충분히 익으면 건져서 살만 발라 뜯어 놓고, 국물은 식혀서 기름을 걷어낸다.

4 3의 닭국물에 ㉡의 된장을 망에 걸러서 푼다. 3의 고기를 다시 넣고 ㉢의 양념을 넣어 한소끔 끓인다.

◉ 약선 적용

백웅계 성은 미온 · 한, 미는 산하다

효능 : 소갈을 멎게 한다. 소변을 잘 나오게 한다.

◉효능　소갈 치료, 소변 통리, 간질과 불면증

70. 백웅계 · 좁쌀 · 붉은팥 · 밀

1) 찜

主利小便粟米赤小豆小麥白雄雞右四味治如常法食之

소변이 잘나가게 하려면 좁쌀 · 붉은팥 · 밀 · 흰 수탉 4가지를 보통 요리하는 방법과

같이 만들어 먹는다.

재료

재료	분량
㉠ 백웅계	1마리
㉡ 좁쌀	1/4컵
붉은 팥	1/4컵
밀	1/4컵
㉢ 대파	1뿌리
㉣ 된장	1큰술
다진 생강	1작은술
산초가루	1/4작은술

백웅계 (한)	좁쌀 (미한)	붉은팥 (평)	밀 (평)
-2	-1	0	0

1 백웅계의 꼬리 쪽을 조금 갈라서 내장을 꺼내고 깨끗이 씻어서 물기가 빠지도록 세워둔다.

2 좁쌀과 밀을 잘 씻어서 찜통에서 쪄낸다.

3 팥은 씻어서 냄비에 담고 충분히 잠길 정도의 물을 붓고 불에 올려서 끓인다. 끓어오르면 바로 물만 따라 버린다. 물 1 1/2컵을 부어 푹 무를 때까지 약한불에서 익도록 삶는다.

4 대파는 3cm 길이로 썬다.

5 2의 좁쌀밥과 밀밥, 3의 팥, 4의 대파를 합하고 ㉣의 양념을 넣어 버무린다.

6 1의 백웅계 뱃속에 5를 집어넣고 갈라진 자리를 대꽂이로 꿰어 고정시킨다.

7 6을 그릇에 담아 뚜껑을 덮는다. 이것을 통째로 찜통에 넣어 중탕하여 뼈와 살이 분리될 정도로 무르게 익힌다.

◉ 약선 적용

백웅계   성은 미온·한, 미는 산하다.

              효능 : 소변을 잘 나오게 한다.

좁쌀   성은 미한, 미는 함하다.

              효능 : 소변을 통하게 한다.

붉은 팥   성은 미한·평·온, 미는 산하다.

              효능 : 소변을 잘 나오게 한다.

밀   성은 평·미한, 미는 감하다.

              효능 : 소변을 통하게 한다.

◉ **효능**   소변 통리

71. 흰 오리(白鴨)

1) 국

主補虛白鴨任意食之

허한 것을 보하려면 흰 오리를 임의대로 먹는다.

治卒煩熱白鴨煮和葱鼓作汁飮之

졸번열[135]을 치료하려면 흰 오리를 파·된장과 함께 끓여 즙을 만들어 마신다.

主利水道白鴨任意食之

수도[136]가 좋게 하려면 흰 오리를 임의대로 먹는다.

재료

㉠ 흰 오리	1마리
물	8컵
㉡ 대파	3뿌리
㉢ 된장	2큰술

흰 오리 (량)	대파 (평)	된장 (한)
-1	0	-2

1 흰 오리의 배를 갈라서 내장을 꺼내고 깨끗이 씻어서 물기가 빠지도록 세워둔다.

2 바닥이 두터운 냄비에 분량의 물을 붓고 끓인다. 물이 끓으면 1의 오리를 넣고 약한불에서 물을 보충하면서 무르게 삶는다.

3 2의 오리가 충분히 익으면 건져서 살만 발라 뜯어 놓고, 국물은 식혀서 기름을 걷어낸다.

4 대파를 3cm 길이로 썰어 놓는다.

5 3의 육즙에 ㉢의 된장을 망에 걸러서 푼다. 3의 고기와 4의 대파를 넣어 한소끔 끓인다. 식초와 소금을 곁들인다.

◉ 약선 적용

흰 오리　성은 량, 미는 감하다.

효능 : 허한 것을 보한다. 열을 없앤다. 소변이 잘 나온다.

대파　성은 평 · 냉, 미는 신하다.

효능 : 대소변을 통하게 한다. 오장을 통리한다.

된장　성은 한, 미는 함 · 감하다.

효능 : 장기(瘴氣)를 다스린다. 땀을 나게 한다.

◉ **효능**　졸번열, 소변 통리, 허약 체질

---

135) 졸번열(卒煩熱) : 갑자기 나타나는 번열.
136) 수도(水道) : 소변이 나가는 길.

72 청둥오리[靑頭鴨]

1) 국

> 治小便澁少疼痛靑頭鴨一隻治如食法蘿蔔根冬瓜葱白各四兩如常法作羹鹽醋
> 調和空心食之白煮亦佳
>
> 소변삽소로 인한 동통을 치료하려면 청둥오리 1마리를 보통 요리하는 방법과 같이
> 준비하고 무·동아·총백 각각 4냥씩 준비한다. 보통 요리하는 방법과 같이 국을
> 만들어 소금·식초로 간을 하여 공복에 먹는다. 흰 오리를 삶아 먹어도 역시 좋다.

재료

- ㉠ 청둥오리   1마리
  - 물   8컵
- ㉡ 무   160g
  - 동아   160g
  - 총백(대파밑동)   160g
- ㉢ 소금   약간
  - 식초   약간

천둥오리(량)	무(온)
-1	+1

동아(냉)	총백(한)	식초(온)
-1	-2	+1

1 청둥오리의 배를 갈라서 내장을 꺼내고 깨끗이 씻어서 물기가 빠지도록 세워둔다.

2 바닥이 두터운 냄비에 분량의 물을 붓고 끓인다. 물이 끓으면 1의 오리를 넣고 약한불에서 물을 보충하면서 무르게 삶는다.

3 2의 오리가 충분히 익으면 건져서 살만 발라 뜯어 놓고, 국물은 식혀서 기름을 걷어낸다.

4 무와 동아는 나박썰기로 가로·세로 3cm, 두께 0.5cm로 썬다.

5 총백은 3cm 길이로 썬다.

6 3의 육즙에 4의 무와 동아를 넣고 무르도록 삶는다. 무와 동아가 물러지면 3의 고기와 5의 총백을 넣고 한소끔 끓인다.

◉ 약선 적용

청둥오리   성은 량, 미는 감하다.

                효능 : 소변을 잘 나오게 한다.

무   성은 온·냉·평, 미는 감·신하다.

효능 : 오장의 악기를 단련한다.

동아　　성은 냉, 미는 감하다.

효능 : 수장(水腸)을 다스린다.

총백　　성은 한, 미는 신하다.

효능 : 대소변을 통리한다.

식초　　성은 온, 미는 산하다.

효능 : 통증을 다스린다.

◉ **효능**　　소변삽소로 인한 통증

73. 거위육[鵝肉]

1) 국

治消渴鵝肉煮汁飮之

소갈을 치료하려면 거위고기를 삶아 그 즙을 마신다.

재료

거위	1마리
물	8컵

거위(량)
－1

1 거위의 배를 갈라 내장을 꺼내고 깨끗이 씻어서 물기가 빠지도록 세워둔다.

2 바닥이 두터운 냄비에 분량의 물을 붓고 끓인다. 물이 끓으면 1의 거위를 넣고 약한불에서 물을 보충하면서 완전히 물러질 때까지 삶는다. 완성되면 고기는 건져낸다.

◉ **약선 적용**

거위　　성은 량, 미는 감하다.

효능 : 갈증을 다스린다.

◉ **효능**　소갈

74. 메추라기[鶉]

1) 수육

主補五臟益中鶉任意食之
오장을 보하고 속을 북돋아 주려면 메추라기를 임의대로 먹는다.

治結熱鶉肉煮食之
뭉쳐진 열을 치료하려면 메추라기고기를 삶아서 먹는다.

재료

메추라기	2마리
물	적당

메추라기(평)
0

1 메추라기의 배를 갈라서 내장을 꺼내고 깨끗이 씻어서 물기가 빠지도록 세워둔다.

2 바닥이 두터운 냄비에 물을 붓고 끓인다. 물이 끓으면 1의 메추라기를 넣고 삶아 익힌다.

3 2의 삶은 수육을 수시로 먹는다.

◉ **약선 적용**

메추라기　성은 평, 미는 감하다.

효능 : 오장을 보한다. 결열(結熱, 뭉친 열)을 없앤다.

◉ **효능**　오장을 보함, 뭉친 열 치료

75. 꿩[雉]

1) 국

治消渴飮水無度小便多口渴雉一隻細切和鹽鼓作羹食肉亦任性食之

소갈로 물을 한없이 마시고 소변이 많은 구갈을 치료하려면 꿩 1마리를 잘게 썰어 소금·된장을 넣고 국을 만들어 먹는다. 고기 역시 편하게 먹는다.

재료

㉠ 꿩	1마리
물	4컵
㉡ 된장	1큰술
소금	약간

꿩(미한)
−1

1 꿩의 배를 갈라서 내장을 꺼내고 깨끗이 씻어서 물기가 빠지도록 세워둔다.

2 바닥이 두터운 냄비에 물을 붓고 끓인다. 물이 끓으면 1의 꿩을 넣고 약한불에서 물을 보충하면서 고기가 무르도록 푹 삶는다.

3 2의 꿩이 삶아지면 건져서 살만 발라 뜯어 놓고 국물은 식혀서 기름을 걷어낸다.

4 3의 육수에 ㉡의 된장을 망에 걸러서 풀어 넣고 한소끔 끓인다. 끓어오르면 3의 고기를 다시 넣고 한소끔 끓인다.

5 식성에 따라 소금은 곁들인다.

◉ **약선 적용**

꿩 성은 미한·평·온, 미는 산하다.
효능 : 속을 보하고 기운을 북돋운다.

◉ **효능** 소갈증, 잦은 소변, 구갈

2) 만두

治産後下痢腰腹痛雉一隻作餛飩食之

출산 후의 설사이질과 요복통을 치료하려면 꿩 1마리로 만두를 만들어 먹는다.

재료

㉠ 꿩	1마리
㉡ 메밀가루	1컵
㉢ 간장	3큰술
초	1 1/2 큰술
생강즙	1작은술

1 끓는 물에 꿩을 넣고 삶아서 살만 뜯어 곱게 다진다.

2 1의 다진 고기를 밤톨 크기로 떼어내 동그랗게 빚어서 메밀가루에 여러 번 굴린다.

3 2를 찜통에서 쪄내어 접시에 담고 ㉢의 강초장을 곁들인다.

꿩(미한)
-1

◉ **약선 적용**

꿩 성은 미한 · 평 · 온, 미는 산하다.

효능 : 속을 보한다. 기운을 북돋운다.

◉ **효능** 출산 후의 설사이질증과 요통 · 복통

76. 달걀

1) 기타

治赤白痢雞子醋煮熟空心食之

적백이질을 치료하려면 식초에 달걀을 넣고 삶아 익혀서 공복에 먹는다.

재료

| 달걀 | 10개 |
| 식초 | 2컵 |

1 파이렉스에 분량의 식초를 담아 달걀을 넣고 완숙으로 삶는다.

달걀(평)	식초(온)
0	+1

◉ **약선 적용**

달걀 성은 평, 미는 감하다.

효능 : 오장을 편히 한다. 이질을 다스린다.

식초 성은 온, 미는 산하다.

효능 : 심통(복통)을 다스린다.

◉ **효능** 적백이질

77. 달걀노른자

1) 기타

治乾嘔¹³⁷⁾雞彈去白呑中黃數枚卽愈

헛구역질을 치료하려면 달걀을 깨뜨려 흰자를 제거하고 노른자 여러 개를 삼키면 죽시 낫는다.

治小便不通鷄卵黃一枚服之不過三

소변이 나오지 않는 것을 치료하려면 달걀노른자 1개를 복용한다. 달걀은 3개를 넘지 않아야 좋아진다.

◉ **약선 적용**

달걀노른자   성은 평, 미는 감하다.

효능 : 오장을 편히 한다.

◉ **효능**   헛구역질, 소변삽소

78. 달걀과 꿀

1) 기타

治熱毒雞子白三介和蜜一合服之

열독을 치료하려면 달걀흰자 3개에 꿀 1홉을 합하여 먹는다.

治大人小兒發熱雞卵三枚白蜜一合相和服之효差

어른과 어린이의 발열을 치료하려면 달걀 3개와 흰꿀 1홉을 서로 합하여 복용한다.

즉시 차도가 있다.

재료

달걀	3개	달걀(평)	꿀(평)
꿀	1/4컵	0	0

---

137) 건구(乾嘔) : 헛구역질.

◉ **약선 적용**

달걀 성은 평, 미는 감하다.

효능 : 열번을 다스린다.

꿀 성은 평 · 미온, 미는 감하다.

효능 : 해독한다.

◉ **효능** 열독과 발열

79. 조기[石首魚]

1) 국

主開胃益氣石首魚和蓴作羹食之乾食消宿食

위를 열어주고 기운을 북돋아 주려면 조기와 순채[138]로 국을 만들어 먹는다. 말려서 (굴비) 먹으면 숙식[139]을 소화시킨다.

재료

㉠ 조기	1마리
순채	100g
물	4컵
㉡ 생강즙	1작은술
다진 마늘	2작은술
소금	1/2큰술

조기(평)
0

1 조기는 비늘을 잘 긁어서 머리를 잘라내고 내장을 뺀 다음 토막 내어 소금을 약간 뿌려 놓는다.

2 순채는 잘 씻어 놓는다.

3 냄비에 분량의 물을 붓고 끓인다. 물이 끓으면 ㉡의 양념과 ㉠의 조기를 넣고 끓인다. 조기가 익으면 순채를 넣고 바로 그릇에 담아낸다.

---

138) 순채(蓴菜) : 수련과에 속하는 다년생의 수초. 순채의 어린잎은 국거리감이나 찜할 때 재료가 됨.
139) 숙식(宿食) : 음식물이 소화되지 않고 위장에 머물러 있는 병증으로 숙체(宿滯)라고도 함.

◉ 약선 적용

조기   성은 평, 미는 감하다.

효능 : 소화를 잘되게 한다. 순채와 함께 국을 끓여 먹으면 위를 연다. 기운을 북돋운다.

◉ 효능   소화가 잘되게 함, 기운을 북돋아 줌

2) 구이

主卒腹脹食不消石首魚炙食之亦主消瓜成水

졸복창[140]이 있고 먹은 것이 소화가 되지 않을 때에는, 조기를 구워 먹는다. 또 과류를 소화시켜 물로 만든다.

主暴下痢石首魚炙食之

심한 설사를 다스리려면 조기를 구워서 먹는다.

재료

조기(大)   2마리
소금

조기(평)
0

1 굵은 조기를 골라 비늘은 긁어 버리고 내장은 입으로 빼내어 깨끗이 씻고 물기를 뺀다.

2 1의 조기에 칼집을 2cm 간격으로 넣어 소금을 뿌려 절인다.

3 석쇠를 잘 달구어 조기를 얹어서 구워낸다.

---

140) 졸복창(卒腹脹) : 갑자기 생긴 복창.

◉ 약선 적용

조기　　성은 평, 미는 감하다.

　　　　효능 : 심한 설사를 다스린다. 배가 부른 것을 다스린다.

◉ 효능　　졸복창, 소화불량, 심한 설사

80. 오징어[烏賊魚]

1) 숙회

主婦人漏下赤白沃益精髓令人有子烏賊魚任食之

부인의 붕중누하[141]로 적색과 백색의 대하가 흐르는 것을 치료하고 정수[142]를 보태어

자식을 가질 수 있게 하려면 오징어를 임의대로 먹는다.

재료

㉠ 오징어　　2마리
㉡ 간장　　　1큰술
　생강즙　　1작은술
　초　　　　1작은술

오징어(평)
0

1　오징어의 몸통을 갈라 내장을 제거하여 씻어서 껍질을 벗겨
　　낸다.

2　냄비에 물을 끓인다. 물이 끓어오르면 1의 오징어를 넣고 살
　　짝 삶아서 얇게 저며썬다.

3　2를 그릇에 담아낸다. ㉡의 강초장을 곁들인다.

---

141) 131) 참조.
142) 정수(精髓) : 정액.

◉ **약선 적용**

오징어　성은 평, 미는 산하다.

　　　　효능 : 오랫동안 먹으면 정수를 더하여 자식을 낳는다. 월경을 통하게 한다.

◉ **효능**　　비정상적인 자궁출혈, 적색과 백색대하, 불임증

81. 숭어[鯔魚, 秀魚]

1) 구이

主開胃利五臟久食令人肥健鯔魚任意食之

위를 열고 오장을 이롭게 하며 오랫동안 먹어서 사람이 기름지고 튼튼해지려면 숭어를 임의대로 먹는다.

재료

㉠ 숭어　　　　2마리
㉡ 후춧가루　　약간
　소금　　　　1큰술

숭어(평)
0

1 숭어의 비늘을 긁고 입을 열어 내장을 제거한다. 깨끗이 씻어서 물기를 뺀다.

2 1의 숭어를 2cm 간격으로 칼집을 넣고 소금을 골고루 뿌려 절인다.

3 2에서 절인 숭어의 물기를 빼고 후춧가루를 뿌린다.

4 석쇠를 잘 달구어 숭어를 얹고 앞 · 뒤를 골고루 굽는다.

◉ **약선 적용**

숭어　성은 평, 미는 감하다.

　　　효능 : 위를 연다. 오장을 통리한다. 사람을 비건케 한다.

◉ **효능**　소화불량, 오장 통리, 비건

82. 붕어[鯽魚]

1) 찜

主虛弱鯽魚和五味熟煮食之

허약한 것을 다스리려면 붕어에 양념을 하여 끓여서 익혀 먹는다.

재료

ⓐ 붕어　　　　1마리
ⓑ 대파　　　　1뿌리
　산초가루　1/4작은술
ⓒ 참기름　　　1큰술
　진간장　　　2큰술
　다진 생강　1작은술
　다진 마늘　1큰술
ⓓ 육수　　　　1컵

붕어(평)
0

1 붕어는 통째로 비늘을 거슬러 긁어낸다. 입으로 내장을 꺼내고 깨끗이 씻어 물기를 뺀다.

2 냄비에 ⓒ의 참기름 · 다진 생강 · 다진 마늘 · 진간장을 담아 열을 가한다.

3 냄비가 달구어지면 1의 붕어를 넣고 뭉근한 불에서 노릇노릇해질 때까지 충분히 지져 익힌다.

4 찜통에 3을 넣고 육수 한 컵을 부어 중탕하여 익힌다.

5 대파를 어슷어슷 썬다.

6 4가 거의 완성되었을 때 5의 대파와 산초가루를 뿌리고 한소끔 끓인다.

◎ **약선 적용**

붕어　성은 온 · 평, 미는 감하다.

　　　효능 : 속을 조절한다. 오장에 좋다.

◎ **효능**　허약

2) 국

治痔下血不止肛腸痛鯽魚膾及羹食之

치질로 인하여 하혈이 그치지 않으면서 항문과 창자가 아픈 것을 치료하려면 붕어
로 회나 국을 만들어 먹는다.

재료

㉠ 붕어	1마리
㉡ 쑥갓	50g
㉢ 물	8컵
㉣ 다진 생강	1작은술
다진 마늘	1/2큰술
된장	1큰술
산초가루	1/4작은술
㉤ 소금	약간

붕어(평)

0

1 붕어는 통째로 비늘을 거슬러 긁어낸다. 머리를 잘라내고 내
장을 빼서 5cm 정도로 토막 내어 소금을 약간 뿌려 놓는다.

2 쑥갓을 씻어서 한 가지씩 떼어 놓는다.

3 냄비에 분량의 물을 붓고 ㉣의 된장을 망에 담아 걸러 넣는다.

4 3을 불에 올려서 끓인다. 펄펄 끓을 때, 1의 붕어토막과 ㉣의
다진 생강·다진 마늘을 넣는다. 붕어가 익으면 쑥갓을 넣고
산초가루를 뿌려 바로 그릇에 담아낸다. 소금을 곁들인다.

◉ **약선 적용**

붕어　성은 온·평, 미는 감하다.

　　　효능 : 장을 실하게 한다.

◉ **효능**　치질성 하혈 및 항문과 창자의 통증

83. 잉어[鯉魚]

1) 회

治上氣咳嗽胸膈妨滿氣喘鯉魚一尾作膾薑醋食之蒜虀亦得

기가 위로 올라와 기침이 나고 가슴이 가득한 기천이 있을 때, 잉어 1마리를 회로

만들어 생강과 식초로 양념하여 먹는다. 마늘로 양념해도 역시 좋다.

재료

㉠ 잉어 2마리(400g)
㉡ 생강즙 2큰술
　 식초 2큰술
㉢ 마늘즙 4큰술

잉어(한)		
−2		

양념 1		양념 2
생강 (미온)	식초 (온)	마늘 (온)
+1	+1	+1

1 잉어의 비늘을 긁고 내장을 빼낸 다음 등뼈 쪽으로 칼을 넣어 살만 두 장으로 넓게 뜬다.

2 생강을 갈아서 즙을 내어 식초와 합한다.

3 마늘을 갈아서 즙을 낸다.

4 1의 생선살을 얇게 저며서 접시에 담아 2 또는 3을 곁들여 낸다.

◉ 약선 적용

잉어　성은 한, 미는 감하다.

　　　효능 : 기를 내린다. 냉기를 부순다. 현벽(痃癖)[143]을 부순다.

생강　성은 미온, 미는 신하다.

　　　효능 : 기를 내린다. 해수를 다스린다. 해역[144]을 다스린다.

---

143) 현벽(痃癖) : 적병(積病). 음식 조절을 잘못하여 생긴 적취로 몸 안에 뭉쳐 있는 덩어리가 배꼽과 옆구리에서 만져지거나 통증이 있음.
144) 해역(咳逆) : 횡격막이 갑자기 줄어들고, 목구멍이 막혀 숨을 들이쉬는 소리가 나는 병. 위병·히스테리 등으로 인하여 생김.

식초　성은 온, 미는 산하다.

　　　　효능 : 일체의 어육독을 죽인다. 심통을 다스린다.

마늘　성은 온, 미는 신하다.

　　　　효능 : 현벽을 부순다. 냉을 쫓는다.

　　　잉어 · 생강 · 식초, 잉어 · 마늘이 가진 각각의 효능을 살려 처방한 경우이다. 한한 잉어의 성질과 온한 생강 · 식초의 성질, 그리고 한한 잉어의 성질과 온한 마늘의 성질을 잘 짜 맞춘 조리 방법이라 볼 수 있다.

◉ **효능**　기천[145]과 해수, 해역

2) 백숙

主欬逆上氣鯉魚任意食之

해역상기[146]를 다스리려면 잉어를 임의대로 먹는다.

療脚氣鯉魚以絹裹鱗和肉煮熟後去鱗食之

각기를 치료하려면 잉어를 비늘이 붙은 채 명주로 싸서 끓여 익힌 후 비늘을 제거하고 먹는다.

主黃疸止渴鯉魚任意食之

황달을 다스리고 갈증을 멎게 하려면 잉어를 임의대로 먹는다.

破冷氣痃癖鯉魚以絹裹鱗和肉煮熟煮去鱗食之

냉기성 현벽을 풀어주려면 잉어를 비늘이 붙은 채 명주로 싸서 끓여 익힌 후 비늘을 제거하고 먹는다.

---

145) 기천(氣喘) : 가슴이 불룩하여 몹시 답답하고 숨이 차서 헐떡거리며 목구멍에서 가래소리가 나는 증상.
146) 해역상기(欬逆上氣) : 기침과 호흡곤란이 함께 나타나는 증상.

治水腫脚滿下氣鯉魚白煮食之

수종성 각기를 치료하고 하기[147]하려면 잉어를 삶아 백숙으로 만들어 먹는다.

재료

잉어　　　　2마리
물　　　　　약간

잉어(평)
0

1 잉어의 비늘이 붙은 채로 씻어서 명주로 싼다.

2 냄비에 물을 충분히 담아 끓인다. 펄펄 끓을 때 1을 넣어 익힌다.

3 잉어가 완전히 익으면 명주와 비늘을 없앤 후 먹는다.

◉ **약선 적용**

　잉어　　성은 한 · 평, 미는 감하다.

　　　　　효능 : 각기를 다스린다. 황달을 다스린다. 소갈을 다스린다. 수종을 다스린다.

◉ **효능**　　각기 · 해역상기 · 황달 · 소갈 · 수종, 냉기성 현벽

3) 국

治懷妊身腫胎動鯉魚煮爲湯食之

회임[148]하여 몸이 붓고 태동[149]이 있는 것을 치료하려면 잉어를 끓여 탕으로 만들어 먹는다.

---

147) 109) 참조.
148) 회임(懷妊) : 임신
149) 태동(胎動) : 태아가 불안하여 유산되려는 증상.

재료

㉠ 잉어	1마리
㉡ 쑥갓	50g
㉢ 물	8컵
㉣ 다진 생강	1작은술
다진 마늘	1/2큰술
된장	1큰술
산초가루	1/4작은술
㉤ 소금	약간

잉어(평)
0

1 잉어를 통째로 비늘을 거슬려 긁는다. 머리를 잘라내고 내장을 빼서 5cm 정도로 토막을 내어 소금을 약간 뿌려 놓는다.

2 쑥갓은 씻어서 한 가지씩 떼어 놓는다.

3 냄비에 분량의 물을 붓고 ㉣의 된장을 망에 담아 걸러 넣는다.

4 3을 불에 올려서 끓인다. 펄펄 끓을 때 1의 잉어 토막과 ㉣의 다진 생강·다진 마늘을 넣는다. 잉어가 익으면 쑥갓을 넣고 산초가루를 뿌려 바로 그릇에 담아낸다. 소금을 곁들인다.

◎ 약선 적용

잉어   성은 한·평, 미는 감하다.

효능 : 임산부의 신종(身腫)을 다스린다. 태동을 다스린다. 안태한다.

◎ **효능**   임산부의 신종·태동·안태

84. 잉어·아욱·총백

1) 국

治姙娠小便淋澁胎不安鯉魚一枚重一斤治如食法葵菜一斤葱白切四兩水五升
煮熟着少鹽和魚菜幷汁同食之

임신 중 소변림삽[150]과 태아불안을 치료하려면 1근 정도의 잉어 1마리를 보통 요리하는 방법과 같이 준비하고 아욱 1근·자른 총백 4냥을 물 5되에 넣고 끓여 익혀서 소금을 약간 넣어 고기와 채소, 국물을 같이 먹는다.

---

150) 소변림삽(小便淋澁) : 소변을 자주 보려하나 방울방울 나오면서 아픈 증상.

재료

㉠ 잉어	1마리(640g)
㉡ 아욱	640g
총백	160g
㉢ 물	12 1/2컵
소금	약간

잉어(평)	아욱(냉)	총백(한)
0	-1	-2

1 잉어를 통째로 비늘을 거슬려 긁는다. 머리는 잘라내고 내장을 빼서 5cm 정도로 토막을 내어 소금을 약간 뿌려 놓는다.

2 아욱은 줄기를 꺾어서 껍질을 벗기고 물에 깨끗이 씻어 놓는다.

3 총백은 3cm 길이로 썬다.

4 냄비에 분량의 물을 붓고 끓인다. 물이 펄펄 끓을 때 1의 잉어토막을 넣는다. 잉어가 익으면 2의 아욱과 3의 총백을 넣어 한소끔 끓인다.

5 소금을 곁들여낸다.

◎ **약선 적용**

잉어 성은 한 · 평, 미는 감하다.

효능 : 태동을 다스린다. 안태한다. 수종을 다스린다.

아욱 성은 한 · 냉, 미는 감하다.

효능 : 오림을 다스린다. 소변을 잘 나오게 한다.

총백 성은 한, 미는 신하다.

효능 : 대 · 소변을 잘 나오게 한다. 태를 편히 한다.

◎ **효능** 임신 중 소변림삽 · 태동불안

85. 잉어와 총백

1) 국

> 治任娠胎動臟府擁熱嘔吐不下食心煩燥悶鯉魚一頭治如食法葱白一握切水三
> 升煮魚葱令熟空心食之
>
> 임신 유산기가 있으면서 오장육부에 열이 뭉치고 구토·소화불량·심번성 번민을
> 치료하려면 잉어 1마리를 보통 요리하는 방법과 같이 준비하고 총백 1주먹을 썰어
> 물 3되와 합하여 끓인다. 익으면 공복에 먹는다.

재료

㉠ 잉어 1마리
㉡ 물 7 1/2컵
　소금 ..... 약간
㉢ 총백(대파밑동) 4뿌리

잉어(평)	총백(한)
0	-2

1 잉어를 통째로 거슬려 긁는다. 머리를 잘라내고 내장을 빼서 5cm 정도로 토막을 내어 소금을 약간 뿌려 놓는다.

2 총백은 3cm 길이로 썬다.

3 냄비에 분량의 물을 붓고 끓인다. 펄펄 끓을 때 1의 잉어 토막과 2의 총백을 넣고 고기가 익을 때까지 끓인다.

◎ **약선 적용**

잉어　성은 한·평, 미는 감하다.
　　　효능 : 태동을 다스린다. 안태한다.

총백　성은 한, 미는 감하다.
　　　효능 : 오장을 통리한다. 대변을 잘 나오게 한다. 태를 편히 한다.

◎ **효능**　태동·오장육부의 뭉친 열·구토·소화불량·심번성 번민

86. 뱀장어[鰻鱺魚]

1) 구이

治勞疾鰻鱺魚炙之空心食之

노질[151]을 치료하려면 뱀장어를 구워서 공복에 먹는다.

治五痔漏瘡鰻鱺魚治如食法切作片炙着鹽椒醬和調食之
殺虫若熏下部則痔虫盡死

오치[152]로 고름이 나오는 것을 치료하려면 뱀장어를 보통 요리하는 방법과 같이 준비하여 편으로 잘라 불에 굽는다. 산초 · 소금 · 된장을 넣어 먹는다. 충을 죽이기 위하여 아랫부분을 훈증하면 치충이 모두 죽는다.

재료

㉠ 뱀장어	2마리
㉡ 산초가루	1/4작은술
된장	1큰술
소금	1/2작은술

뱀장어(평)
0

1 장어의 등쪽에 칼을 넣어 한 장으로 펴고 내장을 제거한 후 뼈를 발라낸다.

2 ㉡의 양념을 합하여 섞는다.

3 팬을 달구어 1의 장어를 앞 · 뒤로 뒤집어가며 굽는다.

4 3에서 초벌 구운 것에 2의 양념장을 발라가면서 굽는다.

5 3cm 크기로 썰어 그릇에 담는다.

◎ **약선 적용**

뱀장어 성은 한 · 평, 미는 감하다.

효능 : 오치를 다스린다. 악창을 다스린다. 창루(瘡瘻)를 다스린다. 노채(勞瘵)를 다스린다. 모든 충(蟲)을 죽인다.

---

151) 노질(勞疾) : 폐에 침입하여 전염되는 만성 소모성 질환.
152) 116) 참조.

산초	성은 온, 미는 신하다.
	효능 : 귀주고독(鬼疰蠱毒, 전염병과 기생충독)을 다스린다. 충독(蟲毒)을 다스린다.
된장	성은 한, 미는 감ㆍ함하다.
	효능 : 장기(瘴氣)를 다스린다. 고기(蠱氣)를 다스린다.

◉ **효능** 노질, 고름이 나오는 오치, 살충

2) 백숙

治骨蒸勞瘦鰻鱺魚二斤治如食法切作段子入鐺中以酒三盞煮鹽醋中食之

골증[153]으로 몸이 야위는 것을 치료하려면 뱀장어 2근을 보통 요리하는 방법과 같이 준비하여 단자(片)로 잘라 솥에 넣어 술 3잔을 넣고 끓인다. 소금과 식초를 넣어 먹는다.

治腸風下蟲鰻鱺魚二斤治如食法切作段子入鐺中以酒三盞煮入鹽醋中食之

장풍하충[154]을 치료하려면 뱀장어 2근을 요리하는 방법과 같이 준비하여, 단자(片)로 잘라 솥에 넣어 술 3잔을 넣고 끓인다. 소금과 식초를 넣어 먹는다.

재료

㉠ 뱀장어	2마리
㉡ 청주	3잔
㉢ 소금	1작은술
식초	1큰술

뱀장어(평)	청주(대열)
0	+3

1 장어의 등쪽에 칼을 넣어 1장으로 펴고 내장을 제거한 후 뼈를 발라낸다. 이것을 3cm 길이로 썬다.

2 1의 장어를 냄비에 담고 청주 3잔을 합하여 약한불에서 장어가 익을 때까지 끓여 익힌다.

3 ㉢의 소금과 식초를 합한다. 2에 3을 합하여 버무려 그릇에 담는다.

---

153) 119) 참조.
154) 장풍하충(腸風下蟲) : 치질로 인하여 피가 나면서 밖으로 돌출된 것.

◎ 약선 적용

뱀장어 성은 한·평, 미는 감하다.

효능 : 오치를 다스린다. 오장의 허한 곳을 다스린다.

청주 성은 대열, 미는 감·고하다.

효능 : 혈액을 통하게 한다. 모든 악독기를 죽인다. 약세(藥勢)를 행한다.

◎ 효능   야위어 가는 골증, 장풍하충

87. 뱀장어와 멥쌀

1) 죽

治腰腎間濕風痺常如水洗者鰻鱺魚和五味以米煮食之

허리둘레에 물을 끼얹은 것과 같이 아픈 습비와 풍비를 치료하려면 양념을 한 뱀장
어에 쌀을 넣고 삶아 먹는다.

治漏瘡鰻鱺魚和五味以米煮食之

누창[155]을 치료하려면 양념을 한 뱀장어에 쌀을 넣고 삶아 먹는다.

---

155) 누창(漏瘡) : 구멍이 뚫려 고름이 흐르고 냄새가 나면서 오랫동안 낫지 않는 증세.

재료

㉠ 쌀	4컵
뱀장어	2마리
물	20컵
㉡ 산초가루	1/4작은술
된장	1큰술
소금	1큰술

뱀장어(평)	멥쌀(평)
0	0

1 쌀을 씻어서 물에 2시간 이상 충분히 불려서 소쿠리에 건져 물기를 뺀다.

2 장어의 등쪽에 칼을 넣어 한 장으로 펴고 내장을 제거한 후 뼈를 발라낸 다음 1cm 길이로 썰고, 다시 사방 1cm가 되게 썰어 놓는다.

3 냄비에 분량의 물을 붓고 ㉡의 된장을 망에 담아 걸러 넣는다.

4 3의 된장국물에 1의 쌀과 2의 장어를 합하여 끓인다.

5 한소끔 끓으면 불을 약하게 줄이고 쌀알이 완전히 퍼질 때까지 나무주걱으로 저어주면서 서서히 끓인다. 어느 정도 완성되었으면 산초가루를 넣고 한소끔 끓여서 낸다.

6 소금을 곁들인다.

◉ **약선 적용**

뱀장어 성은 한·평, 미는 감하다.

효능 : 악창을 다스린다. 창루를 다스린다. 오장의 허손을 보한다.

멥쌀 성은 평, 미는 감하다.

효능 : 기운을 북돋운다. 속을 따뜻하게 한다.

◉ **효능** 허리둘레가 아픈 습비와 풍비, 누창

88. 자라[鼈]

1) 국

主下氣除骨節間勞熱鼈肉如常法食之

하기하여 골절 사이의 노열을 제거하려면 자라육을 보통 요리하는 방법과 같이 만들어 먹는다.

재료

㉠ 자라   1마리
   물   4컵
㉡ 후춧가루   약간
   소금   약간

자라(냉)
−1

1 자라를 통째로 깨끗이 씻는다.

2 냄비에 분량의 물을 붓고 1을 넣어 끓여 푹 고아 익힌다.

3 그릇에 담아낼 때 후춧가루와 소금을 곁들인다.

◉ **약선 적용**

자라   성은 냉, 맛은 감하다.

         효능 : 열기를 다스린다. 온비(溫痺)를 다스린다.

◉ **효능**   하기와 노열 제거

89. 강요주[蚶, 살조개]

1) 구이

治腰腎冷氣蚶火上煨之令沸空腹食十數箇以飯壓之

허리와 신장의 냉기를 치료하려면 강요주를 불 위에 올려놓는다. 끓으면 공복에 십여 개를 먹은 다음 밥을 먹어 내려 보낸다.

治心腹冷氣蚶火上燒之令沸空腹食十數介以飯壓之

가슴과 배의 냉기를 치료하려면 강요주를 불 위에 올려놓아 끓을 때까지 구워서 공복에 10여 개를 먹고 밥을 먹어 내려 보낸다.

재료

강요주　　　　10개

강요주(온)
+1

1 석쇠를 불에 올려놓는다. 달구어지면 껍질째 강요주를 올려놓고 굽는다. 조개입이 벌어지고 조갯살이 끓으면 익은 것이다.

2 따뜻할 때 먹는다.

◎ 약선 적용

　강요주　성은 온, 미는 감하다.

　　　　　효능 : 속을 따뜻하게 한다.

　　　　온성인 강요주를 익혀 먹어 냉기를 없애기 위한 치료식이다.

◎ 효능　　가슴과 배의 냉증

90. 굴[石花, 牡蠣]

1) 구이 또는 백숙

主令人細肌膚美顔色牡蠣纔採火上炙令沸去殼食之甚味又蒸食之令人補虛損

사람의 피부를 부드럽게 하고 안색을 좋게 하려면 방금 채취한 굴을 불 위에 올려 놓고 끓을 때까지 구워서 껍질을 제거하고 먹는다. 맛이 아주 좋다. 또한 쪄서 먹 으면 허손을 보충할 수 있다.

療婦人血氣調中牡礪肉煮食之

부인의 혈과 기를 치료하고 속을 다스리려면 굴을 삶아 먹는다.

재료

굴　　　30개

굴(평)
0

1 석쇠를 불에 올려놓는다. 석쇠가 달구어지면 껍질째 굴을 올 려놓고 굽는다. 껍질 속의 살이 끓으면 완성된 것이다.

2 껍질을 제거하고 먹는다. 또는 삶아 먹는다.

◉ 약선 적용

굴　성은 평, 미는 함하다.

효능 : 피부의 살갗을 부드럽게 한다. 안색을 아름답게 한다. 보익한다.

여자의 적백대하를 다스린다.

◉ 효능　아름다운 피부와 좋은 안색, 허손, 보익, 부인의 혈과 기 치료

2) 회

治酒後煩熱止渴牡蠣肉薑醋中生食之海族之中此物最貴

술을 먹고 난 후의 번열을 치료하고 갈증을 멎게 하려면 굴에 생강과 식초를 넣어
생으로 먹는다. 해산물 중에서 굴이 가장 귀하다.

재료

㉠ 껍질 깐 생굴	200g
㉡ 생강즙	1작은술
식초	1큰술

굴(평)
0

1 껍질을 깐 생굴은 소금물에 넣고 살살 흔들어 씻어서 소쿠리
에 건져 물기를 뺀다.

2 ㉡의 양념을 합하여 1에 버무린다.

◎ **약선 적용**

굴　　성은 평, 미는 함하다.

　　　효능 : 온학(溫瘧)을 없앤다. 땀을 멎게 한다.

◎ **효능**　　음주 후의 번열과 갈증

91. 홍합[淡菜]

1) 구이

能消食除腹中冷氣淡菜火炙令汁沸出食之

숙식[156]을 소화시키고 뱃속의 냉기를 없애려면 홍합을 불에 즙이 끓어 나오게끔 구워 먹는다.

理腰脚氣益陽事又治腰痛淡菜火炙令汁沸出食之

허리각기를 다스리고 양사를 도와주며 요통도 다스리려면 홍합을 즙이 끓어 나오게끔 구워 먹는다.

主補虛勞損淡菜燒一頓令飽

허로와 노손을 보하려면 홍합을 불에 구워 배부르도록 한번에 먹는다.

除復中冷氣消痃癖淡菜火炙令汁沸出食之

뱃속의 냉기를 제거해주고 현벽을 없애려면 홍합을 즙이 끓어 나오게끔 불에 구워 먹는다.

治崩中帶下淡菜燒一頓令飽

붕중대하[157]를 치료하려면 홍합을 불에 구워 배부르도록 한번에 먹는다.

治産後血結腹內冷痛癥瘕淡菜燒一頓令飽

출산 후의 혈결[158]과 복내냉통[159]을 다스리며 징하[160]를 치료하려면 홍합을 불에 구워 배부르도록 한번에 먹는다.

---

156) 139) 참조.
157) 붕중대하(崩中帶下) : 산후의 비정상적인 자궁출혈.
158) 혈결(血結) : 혈이 몰려서 잘 통하지 않는 것.
159) 복내냉통(腹內冷痛) : 배가 차가우면서 아픈 증상.
160) 징하(癥瘕) : 아랫배에 덩어리가 뭉치는 증상.

재료		1 석쇠를 불에 올려놓는다. 달구어지면 홍합을 껍질째 올려놓
홍합	50개	고 굽는다.

2 껍질 속의 살이 끓으면 익은 것이다.

3 껍질을 제거하고 한꺼번에 배부르도록 먹는다.

홍합(온)
+1

◉ 약선 적용

홍합   성은 온, 미는 감하다.

효능 : 오장을 보한다. 허손을 다스린다. 허리와 다리에 좋다. 양사를 도와
준다. 여인의 붕중대하를 다스린다. 출산 후의 혈결 복통을 다스린다. 허약
한 증상을 다스린다.

◉ **효능**   숙식소화와 뱃속의 냉기 제거, 요통 · 허리각기 · 양사, 허로와 노손, 여인의
붕중대하, 출산 후의 혈결과 복내냉통

2) 백숙

治吐血淡菜煮食任意
토혈을 치료하려면 홍합을 삶아 임의대로 먹는다.

治丈夫久痢淡菜煮食之任意
장부의 오래된 이질을 치료하려면 홍합을 삶아 임의대로 먹는다.

재료		1 냄비에 충분히 물을 담아 끓인다. 물이 펄펄 끓으면 홍합을
홍합	50개	넣고 삶아 익힌다.

홍합(온)
+1

홍합　　성은 온, 미는 감하다.

　　　　　효능 : 오장을 보한다.

◉ **효능**　　토혈과 오래된 이질

92. 가리맛조개[蟶]

1) 구이

主胸中邪熱煩悶蟶任性食之

가슴의 사열[161]과 번민을 다스리려면 가리맛조개를 편하게 먹는다.

主冷痢蟶炙食之

냉이질[162]을 다스리려면 가리맛조개를 구워서 먹는다.

재료		
가리맛조개	20개	1 석쇠를 불에 올려놓는다. 달구어지면 가리맛조개를 껍질째 올려놓고 굽는다. 껍질 속의 살이 끓으면 익은 것이다.

재료

가리맛조개　　　20개

1　석쇠를 불에 올려놓는다. 달구어지면 가리맛조개를 껍질째 올려놓고 굽는다. 껍질 속의 살이 끓으면 익은 것이다.

가리맛조개(온)
　+1

2　껍질을 제거하고 임의대로 먹는다.

◉ 약선 적용

가리맛조개　　성은 온하고, 미는 감하다.

---

161) 사열(邪熱) : 나쁜 열기.
162) 냉이질[冷痢] : 차가운 것을 많이 먹어서 생긴 이질. 한리(寒痢).

효능 : 가슴 속의 번민을 다스린다. 냉이질을 다스린다.

◉ **효능**   가슴 속의 사열과 번민, 냉이질

2) 백숙

治産後虛損及胸中邪熱煩悶止渴蟶煮食須在食後服
출산 후의 허손 및 가슴의 사열과 번민을 치료하고 갈증을 멎게 하려면 가리맛조개
를 삶아 먹되 밥을 먹은 다음에 먹는다.

재료   1 냄비에 충분히 물을 담아 끓인다. 물이 펄펄 끓으면 가리맛
가리맛조개   20개   조개를 넣고 삶아 익힌다.

가리맛조개(온)
+1

◉ **약선 적용**

가리맛조개   성은 온하고, 미는 감하다.

효능 : 가슴 속의 번민을 다스린다.

◉ **효능**   출산 후의 허손, 가슴속의 사열과 번민

93. 배추[菘菜]

1) 국과 김치

主除胸中煩止渴菘菜二斤煮作羹啜又作虀菹食之

가슴의 번갈을 제거하고 갈증을 멎게 하려면 배추 2근을 끓여 국을 만들어 먹는다.
또 양념한 김치로 만들어 먹는다.

解酒渴菘菜二斤煮作羹啜之

주갈[163]을 풀어주려면 배추 2근을 끓여 국을 만들어 먹는다.

主利腸胃除胸中煩菘菜二斤煮作羹啜之

장과 위가 막힌 것을 통리시키고 가슴의 번열을 없애려면 배추 2근을 끓여 국을 만
들어 먹는다.

재료

㉠ 배추   1280g
    물   16컵
㉡ 된장   4큰술
    대파   2뿌리
㉢ 소금   약간

배추(냉)
一1

1 배추를 씻어서 칼로 길쭉길쭉하게 갈라놓는다.

2 냄비에 분량의 물을 담아 망에 된장을 걸러서 풀어 넣고 끓
인다.

3 대파는 어슷썰기를 한다.

4 2의 국물이 펄펄 끓으면 1의 배추와 3의 대파를 넣고 배추가
물러질 때까지 끓인다.

5 4를 그릇에 담고 소금을 곁들인다.

◉ **약선 적용**

배추   성은 평 · 량, 미는 감하다.

       효능 : 가슴 속의 열을 없앤다. 주갈과 소갈을 치료한다. 장과 위를 통리한다.

---

163) 주갈(酒渴) : 술을 마시고 난 뒤의 갈증.

◉ 효능   가슴의 번열 제거, 주갈과 소갈, 장과 위의 통리(通利)

94. 무[萊菔]

1) 구이

主大下氣消穀去痰癖鍊五臟惡氣制麪毒蘿蔔炮煮或作羹食之凡人飲食過度生
嚼嚥下便消

크게 하기(下氣)하여 음식을 소화시키고 담벽을 제거하며 오장의 악기를 몰아내고 밀
가루독을 제거하려면 무를 통째로 굽거나 삶고 혹은 국을 끓여 먹는다. 사람들이
과식했을 때 무를 생으로 씹어 먹으면 금방 소화가 된다.

治心腹卒痛萊菔炮煮食之

갑자기 가슴과 배가 아픈 증세를 치료하려면 무를 통째로 굽거나 삶아 먹는다.

治肺痿吐血萊菔炮煮或作羹食之亦主消痰止咳

폐위[164]로 인한 토혈을 치료하려면 무를 통째로 싸서 굽거나 삶고 혹은 국을 만들어
먹는다. 담[165]을 사라지게 하고 기침을 멎게 한다.

재료		
무	4개	1 무의 껍질을 남겨둔 채 깨끗이 씻는다.
		2 1을 쿠킹포일에 싸서 오븐에 구워낸다.

무(온)
+1

---

164) 폐위(肺痿) : 피위(皮痿)와 폐열(肺熱)로 진액이 소모되어 생긴 만성 쇠약 병증.
165) 담(痰) : 몸의 분비액이 순환하다가 어느 국부가 삐거나 접질린 때에 거기에 응결되어 결리고 아픈 증상.

◉ 약선 적용

무 성은 온, 미는 감 · 신하다.

효능 : 담벽(痰癖)[166]을 멎게 한다. 오장의 악기를 단련한다. 폐위를 다스린다. 토혈을 다스린다. 담을 멎게 한다. 기침을 다스린다.

◉ 효능 심복졸통, 폐위로 인한 토혈 · 기침 · 담

95. 무와 꿀

1) 정과

治反胃有效蘿葍蜜煎細細嚼服

반위[167]**를 효과적으로 치료하려면 무에 꿀을 넣고 달여서 조금씩 씹어 먹는다.**

재료

㉠ 무   200g
㉡ 꿀   2컵

무(평)	꿀(평)
0	0

1 무는 4cm 정도로 토막 내서 연필 굵기로 썬다. 이것을 끓는 물에 데쳐서 찬물에 헹구어 낸다.

2 냄비에 1을 담고 분량의 꿀을 넣어 센불에 올린다. 끓기 시작하면 불을 약하게 하여 뚜껑을 열어 놓은 채 서서히 조린다. 끓이는 도중에 위에 떠오르는 거품은 깨끗이 걷어낸다.

3 거의 다 조려지면 망에 하나씩 건져서 떼어놓아 식힌다.

---

166) 담벽(痰癖) : 수음(水飮)이 오래되어 생긴 것으로, 담(痰)이 옆구리로 가서 때때로 옆구리가 아픈 증상.
167) 105) 참조.

◉ 약선 적용

무　　성은 온·냉·평하고, 미는 감·신하다.

　　　　효능 : 음식을 소화한다. 오장의 악기를 단련한다.

◉ **효능**　　반위

96. 순무[蔓菁]

1) 김치

利五臟消食蔓菁任意食之

오장을 이롭게 하고 음식을 소화시키려면 순무를 임의대로 먹는다.

主黃疸利小便蔓菁任意食之

황달을 치료하고 소변을 잘 나오게 하려면 순무를 임의대로 먹는다.

재료

㉠ 순무	1kg
㉡ 쪽파	60g
미나리	60g
갓	60g
㉢ 다진 마늘	2큰술
다진 생강	1/2큰술
고춧가루	1/3컵
꿀	4큰술
소금	4큰술

순무(온)

+1

1 순무를 깨끗이 씻어서 껍질을 살짝 벗겨낸 다음 2cm 크기의 정사각형으로 썬다.

2 쪽파·미나리·갓은 잘 씻어서 물기를 없애고 2cm 길이로 썬다.

3 커다란 그릇에 1과 2를 담고 ㉢의 양념을 넣어 버무린다.

4 작은 단지에 3을 담아 뚜껑을 잘 덮어 익힌다.

◉ 약선 적용

순무   성은 온, 미는 감하다.

효능 : 오장에 이롭다. 음식을 소화시킨다. 황달을 다스린다. 몸을 가볍게
한다.

◉ **효능**   오장을 보함, 소변통리, 황달

97. 부추[韭]

1) 음청

治中風失音韭研汁服之

중풍으로 말을 하지 못하는 것을 치료하려면 부추를 갈아 즙을 마신다.

治心脾骨痛韭生研服之

심통[168] · 비통[169] · 골통[170]을 치료하려면 부추를 생대로 갈아 마신다.

재료

부추	200g
물	4컵

부추(열)

+2

1 부추를 깨끗이 씻어 체에 밭쳐 물기를 뺀 다음 1cm 길이로
잘게 썰어 놓는다.

2 블렌더에 1과 분량의 물을 넣고 간다.

---

168) 41) 참조.
169) 비통(脾痛) : 명치끝에 기혈이 맺혀 생기는 비심통(脾心痛).
170) 골통(骨痛) : 뼛속의 통증.

◉ 약선 적용

부추   성은 온 · 열, 미는 신 · 산하다.

효능 : 허핍(虛乏)을 보한다. 보익(補益)한다. 가슴 속의 흉통을 없앤다. 허리
와 무릎 아픈 것을 다스린다.

채소 중에서 가장 열(熱)한 것이 부추로 알려져 있다. 이러한 열성(熱性) 때문
에 단기간의 처방식으로 적용된다. 한성(寒性)을 동반한 풍증(風症)의 치료식
으로 부추즙이 처방된 경우이다.

◉ 효능   말을 하지 못하는 중풍, 심통 · 비통 · 골통

2) 전

治水穀痢韭作羹粥爆炒任食之
수곡리171)를 치료하려면 부추로 국이나 죽을 만들어 먹거나 데치거나 볶아 임의대로
먹는다.

재료

㉠ 부추   200g
㉡ 밀가루   1컵
  쌀가루   1/2컵
  물   2컵
㉢ 식용유   약간

부추(열)
+2

1 ㉡의 밀가루 · 쌀가루 · 물을 합하여 저어서 걸쭉하게 만든다.
2 부추를 다듬고 씻어 물기를 빼고 3cm 길이로 썬다. 이것을
1에 넣어 가볍게 섞는다.
3 팬에 식용유를 두르고 2를 한 국자씩 떠 얹어 양면을 노릇노
릇하게 지져낸다.

---

171) 수곡리(水穀利) : 소화되지 않은 음식물 찌꺼기가 나오는 이질.

◉ 약선 적용

부추 성은 온 · 열, 미는 신 · 산하다.

효능 : 위 속의 체기를 없앤다. 위 속의 열을 없앤다. 오장을 편하게 한다.

◉ 효능   수곡리

98. 부추싹[韭苗]

1) 전

療渴止小便數韭苗日食三五兩或炒或羹無入鹽極效食得十斤佳入醬無妨過淸明勿食

갈증을 치료하고 자주 소변보는 것을 멎게 하려면 부추싹을 날마다 3~5냥씩 볶거나 국으로 만들어 먹되 소금을 넣지 않아야 효과가 뛰어나다. 10근을 먹었더니 좋았다. 간장은 넣어도 무방하다. 청명이 지난 것은 먹어서는 안 된다.

재료

㉠ 부추싹	200g
㉡ 밀가루	1컵
쌀가루	1/2컵
물	2컵
㉢ 식용유	약간

부추(열)
+2

1 ㉡의 밀가루 · 쌀가루 · 물을 합하여 걸쭉하게 만든다.

2 청명 전에 생산된 부추싹을 씻어 물기를 뺀다. 이것을 1에 넣어 가볍게 섞는다.

3 팬에 식용유를 두르고 2를 한 국자씩 떠 얹어 양면을 노릇노릇하게 지져낸다.

◉ 효능   갈증, 자주 보는 소변

99. 파[生葱]

1) 국

治中風面目浮腫葱細切煎湯或作羹粥食之

얼굴이 부어 있는 중풍을 치료하려면 파를 잘게 썰어 끓여 탕을 만들거나 혹은 갱 또는 죽을 만들어 먹는다.

治傷寒寒熱骨節碎痛葱細切煎湯或作羹粥食之

상한[172]에 걸려 한열[173]이 나고 골절이 부서지도록 아픈 것을 치료하려면 파를 잘게 썰어 끓여 탕을 만들거나 혹은 갱 또는 죽을 만들어 먹는다.

재료

㉠ 대파	400g
쌀뜨물	4컵
소금	약간
㉡ 된장	2큰술
다진 마늘	2작은술
후춧가루	1/4작은술

대파(평)	쌀뜨물(평)
0	0

양념		
마늘 (온)	된장 (한)	후추 (온)
+1	−2	+1

1 대파를 3cm 길이로 자르고 반으로 갈라서 끓는 물에 살짝 데쳐낸다.

2 냄비에 ㉠의 쌀뜨물을 붓고 ㉡의 된장을 망에 걸러서 풀어 넣어 토장국을 끓인다.

3 2에 1과 ㉡의 다진 마늘·후춧가루를 넣어 한소끔 더 끓인다.

4 3을 탕기에 담아 소금을 곁들인다.

◉ **약선 적용**

대파　성은 평, 미는 신하다.

---

172) 상한(傷寒) : 감기·급성열병·폐렴 등에 의하여 생긴 병.
173) 한열(寒熱) : 오한과 발열.

효능 : 중풍을 다스린다. 얼굴의 부종을 다스린다. 상한의 한열을 다스린다. 파의 흰 부분(총백)은 성이 냉하고 푸른 부분은 성이 열함으로 흰 부분과 푸른 부분을 다 먹을 경우 평하게 된다. 파 전체를 다 먹는 경우는 본상지기(本常之氣)를 유지하면서 중풍을 치료하는 약선이 된다.

◉ **효능**   얼굴 부종이 있는 중풍, 한열이 나고 골절이 아픈 상한

100. 총백(葱白)

1) 음청

治胎動腰痛搶心或下血並治胎動不安葱白不限多少濃煮汁飮之一云銀器煮服

유산기로 인한 요통으로 심장이 찌를 듯이 아픈 것과 하혈을 치료하고 아울러 유산불안을 치료하려면 총백을 넣어 진하게 삶은 즙을 마신다. 어떤 사람은 말하기를 은그릇에 삶아 복용한다고 하였다.

재료	
총백(대파밑동)	600g
물	3컵

총백(한)
-2

1 대파밑동을 3cm 길이로 썰고 다시 절반으로 가른다.

2 냄비에 분량의 물을 담아 1과 합하여 끓인다. 처음에는 센불로 하고 끓어오르면 불을 약하게 하여 오랫동안 파밑동이 물러지도록 끓인다.

3 2를 베보자기에 걸러서 짠다.

◉ **약선 적용**

총백   성은 한, 미는 신하다.

효능 : 태(胎)를 편히 한다.

101. 동아[冬瓜]

1) 김치

治水病初得危急冬瓜不限多少任喫神效無比
수병 초기의 위급해진 경우를 치료하려면 동아를 적당량 임의대로 먹으면 **견줄만한** 것이 없이 신통하다.

治渴冬瓜任意食之
소갈을 치료하려면 동아를 임의대로 먹는다.

재료

ㄱ 동아   1개
  소금   약간
ㄴ 다진 생강   1/4컵
  다진 마늘   1/2컵
  고춧가루   1/2컵
ㄷ 소금   약간

동아(미냉)
-1

1 동아를 적당한 크기로 썰어 끓는 물에 삶아서 얇게 저며 썬다.
2 1에 소금을 뿌려 잠깐 절여서 가볍게 씻어 소쿠리에 건져 물기를 뺀다.
3 2에 ㄴ을 합하여 버무린다. 식성에 따라 소금 양을 조절한다.

◉ 약선 적용

동아   성은 미냉, 미는 감하다.
        효능 : 수장(水脹)을 다스린다. 소갈을 다스린다.

◎ 효능　　수장, 소갈

102. 아욱[葵菜]

1) 나물

治熱病熱毒發瘡頭面及身須臾周匝狀如火瘡皆帶瘭漿或沒或生葵菜爛煮以蒜薑同食之卽止

열병과 열독으로 부스럼이 머리·얼굴·몸에 나고 잠깐 사이에 전신으로 퍼져나가 탕화창[174]과 같은데 부스럼 위로 진물이 있어 없어졌다 생겼다 하는 증상을 치료하려면 아욱을 무르게 삶아 마늘에 버무려서 함께 먹으면 즉시 낫는다.

재료

㉠ 아욱	600g
㉡ 다진 마늘	2큰술

아욱(한)	마늘(열)
-2	+2

1 아욱은 줄기를 꺾어서 껍질을 벗기고 물에 씻어 놓는다.

2 냄비에 물을 충분히 담아 끓인다. 펄펄 끓으면 1의 아욱을 넣고 숨이 죽을 때까지 삶아 건져내어 찬물에 헹구어 물기를 뺀다.

3 2에 ㉡의 마늘을 합하여 무친다.

◎ 약선 적용

아욱　　성은 냉·한, 미는 감하다.

　　　　효능 : 오장과 육부의 한열을 없앤다.

마늘　　성은 온·열, 미는 신하다.

---

174) 탕화창(湯火瘡) : 뜨거운 물과 불에 의한 화상.

효능 : 온역(瘟疫)을 다스린다.

◉ **효능**　　열병, 열독성 부스럼

103. 죽순[竹筍]

1) 나물

治煩熱竹筍任意食之
번열을 치료하려면 죽순을 임의대로 먹는다.

재료

㉠ 죽순　　　1개(300g)
㉡ 새우젓　　1 1/2큰술
㉢ 식용유　　　　약간

죽순(한)

－2

1 냄비에 물을 넉넉히 부어 끓인다. 물이 끓으면 죽순을 넣고 삶는다. 충분히 삶아 물러졌으면 꺼내어 껍질을 벗긴다.

2 1을 얇게 저며 썬 다음 다시 물이 끓고 있는 냄비에 담아 무르도록 삶아 냉수에 담갔다가 건져낸다.

3 팬에 식용유를 두르고 볶는다.

4 3을 새우젓으로 버무린다.

◉ **약선 적용**

죽순　　성은 한, 미는 감하다.

효능 : 번열을 없앤다.

◉ **효능**　　번열 제거

104. 겨자[芥子]

1) 음청

治心痛芥子爲末酒醋服之

심통을 치료하려면 겨자를 가루로 만들어 술[175]과 식초[176]를 합하여 먹는다.

재료

겨자가루[177]	1큰술
술	1컵
초	1큰술

겨자 (온)	술 (대열)	식초 (온)
+1	+3	+1

1 술에 겨자가루와 초를 합한다.

◎ **약선 적용**

술　　성은 대열, 미는 감 · 고(苦)하다.

　　　　효능 : 혈맥을 통하게 한다. 약세(藥勢)를 행한다.

겨자(갓씨)　　성은 온, 미는 신(辛)하다.

　　　　효능 : 심통을 다스린다.

식초　　성은 온, 미는 산(酸)하다.

　　　　효능 : 심통을 다스린다.

　　　　냉증성 심통 치료식이며 단기간 처방식이다.

◎ **효능**　　냉증성 심통

---

175) 찹쌀과 밀누룩으로 만든 미주(米酒)만 약주로 사용한다.
176) 2 · 3년 정도 묵은 술로 만든 미초(米醋)가 좋다.
177) 겨자를 가루로 만들어 장(醬)을 만들면 오장을 통리(通利)한다.

105. 생강(生薑)

1) 음청

治産後穢汚下不盡腹滿又治血上衝心生薑二斤水煮取汁服

출산 후에 오로가 없어지지 않고 배에 그득한 것을 치료하고 또한 혈상충심[178]을 치료하려면 생강 2근을 물에 넣고 끓여 그 즙을 취(取)하여 마신다.

治諸痢生薑切如麻粒大和好茶一兩椀呷任意着熱痢則留皮冷痢則去皮

여러 이질을 치료하려면 삼씨 크기로 생강을 썰어 좋은 차 1냥을 합하여 끓인 물 한 사발을 임의대로 마신다. 열증에 속하는 이질에는 생강 껍질을 벗기지 말고 냉증에 속하는 이질에는 생강 껍질을 벗긴다.

재료

생강	1280g
물	10컵

생강(미온)

+1

1 생강을 잘 씻어서 얇게 저민다. 이것을 주전자에 담아 분량의 물을 붓고 서서히 약한불에서 오랫동안 끓인다.

※ 이질 치료에 쓸 경우에는 차와 생강을 합하여 끓인 물을 임의대로 마신다.

◉ **약선 적용**

생강 성은 미온, 미는 신하다.

효능 : 기를 내린다. 상기(上氣)를 다스린다.

◉ **효능** 출산 후의 오로 제거와 혈상충심 제거, 이질

---

178) 혈상충심(血上衝心) : 피가 위로 솟구쳐 가슴으로 몰리는 것.

106. 생강과 식초[醋]

1) 음청

治嘔吐百藥不差生薑一兩切如菉豆大幷醋漿七合於銀器中煎取四合空腹和滓
旋呷之

구토에 백약을 써도 차도가 없을 때, 생강 1냥을 녹두 크기로 썰어 식초 7홉과 함께 은그릇에 넣고 끓여 4홉으로 만든다. 공복에 찌꺼기를 넣고 섞어서 마신다.

재료

㉠ 생강   40g
㉡ 식초   1 3/4컵

생강(미온)	식초(온)
+1	+1

1 생강을 깨끗이 씻어 녹두알 크기로 썬다.

2 분량의 식초를 은그릇에 담고 1의 생강을 합하여 약한불에서 1컵 정도가 될 때까지 끓인다.

3 공복에 찌꺼기를 합하여 마신다.

◉ **약선 적용**

생강   성은 미온, 미는 신하다.

        효능 : 구토를 멎게 한다.

식초   성은 온, 미는 산하다.

        효능 : 심통(복통)을 다스린다.

◉ **효능**   낫지 않는 구토

107. 생강과 꿀[蜜]

1) 전과(煎果)

治咽喉急毒氣生薑二斤搗取汁好蜜五合慢火煎令相得每服一合日五服

목구멍이 급한 독기로 후비[179]가 있는 것을 치료하려면 생강 2근을 찧어 그 즙을 취하여 여기에 좋은 꿀 5되를 넣고 뭉근한 불에서 달인다. 매번 1홉씩 복용하되 하루에 5번 먹는다.

治隔胃痞滿咳逆不止生薑汁半合蜜一是煎令熟溫服三次立效

위가 막혀 비만[180]이 있거나 해역[181]이 그치지 않는 것을 치료하려면 생강즙 반 홉에 꿀 1숟가락을 넣고 달여 익힌다. 따뜻하게 3번 복용하면 즉시 효과가 있다.

재료

㉠ 생강	200g
물	2 1/2컵
㉡ 꿀	2컵

생강(미온)	꿀(평)
+1	0

1 생강을 깨끗이 씻어서 얇게 저며 블렌더에 분량의 물을 합하여 곱게 간다.

2 1을 냄비에 담아 분량의 꿀을 넣고 센불에 올린다. 끓어오르면 불을 약하게 하여 서서히 조린다. 끓이는 도중에 위에 떠오르는 거품과 껍질은 말끔히 걷어낸다.

◉ 약선 적용

생강　성은 미온, 미는 신하다.

　　　효능 : 해역을 다스린다. 반위를 다스린다. 상기(上氣)를 다스린다.

꿀　　성은 미온·평, 미는 감하다

---

179) 후비(喉痺) : 목 안이 붉게 붓고 아프며 막힌 느낌이 있는 증상.
180) 비만(痞滿) : 명치끝이 그득하고 답답한 증상.
181) 144) 참조.

효능 : 구창을 다스린다. 질병을 없앤다. 오장을 편하게 한다. 모든 약과 화

해한다. 속을 보한다.

◉ **효능**　후비 · 비만 · 해역

108. 생강과 우유(牛乳)

1) 음청

治霍亂胃氣虛乾嘔不止生薑汁半合牛乳一合合煎一兩沸頓服

곽란으로 위기가 허해지고 헛구역질이 그치지 않는 것을 치료하려면 생강즙 반홉 ·

우유 1홉을 합하여 달이 되 1~2번 끓으면 한꺼번에 마신다.

재료

| ㉠ 생강즙 | 2큰술 |
| ㉡ 우유 | 1/4컵 |

생강(미온)	우유(냉)
+1	-1

1 ㉠과 ㉡을 합하여 냄비에 담아 불에 올린다. 1~2번 끓으면

완성된 것이다.

◉ **약선 적용**

생강　성은 미온, 미는 신하다.

효능 : 구토를 멎게 한다. 반위를 다스린다. 상기를 다스린다.

우유　성은 냉 · 미한, 미는 감하다.

효능 : 번갈(煩渴)을 멎게 한다.

◉ **효능**   곽란으로 인하여 생긴 허한 위기와 헛구역질

109. 엿[飴]

1) 기타

> 治冷嗽乾薑末三兩飴一斤和勻磁器盛置飯甑中熱熟食後旋含之
>
> 냉수[182]를 치료하려면 건강가루 3냥과 엿 1근을 합하여 고루 섞은 다음 자기그릇에
> 담아 밥 찌는 시루 속에 넣고 고루 섞어 익힌다. 밥을 먹은 후에 입속에 넣고 굴리
> 면서 먹는다.

재료

엿	640g
건강가루	120g

엿(온)	건강가루(대열)
+1	+3

1 자기에 엿과 건강가루를 합하여 담아 시루 속에 넣는다.

2 1을 불 위에 올려놓고 엿이 녹아 건강가루가 완전히 섞이도
록 저어준다.

3 2를 도마 위에 쏟아 식기 전에 1cm 정도의 두께로 홍두깨로
밀어서 사방 2cm 크기로 썬다.

◉ **약선 적용**

엿   성은 온, 미는 감하다.

효능 : 해수를 멎게 한다.

건강   성은 대열, 미는 고·신하다.

효능 : 한랭(寒冷)을 쫓는다.

◉ **효능**   냉수

---

182) 냉수(泠嗽) : 차가운 사기(邪氣)로 폐가 상하거나 찬 음식을 많이 먹어 비장이 상하여 생긴 기침.

110. 밤[生栗]

1) 기타

治腎虛腰脚無力生栗袋貯縣乾每日平朝喫十餘顆

신장이 허하고 허리와 다리에 힘이 없는 것을 치료하려면 생밤을 자루에 넣어 매달아 말려서 매일 아침에 십여 개를 씹어 먹는다.

재료

밤	10kg	**1** 베자루에 밤을 넣고 매달아 말린다.
		2 매일 아침마다 10개 정도씩 씹어 먹는다.

밤(온)
+1

◉ **약선 적용**

밤 성은 온, 미는 함하다.

효능 : 신기(腎氣)를 돕는다.

◉ **효능** 허한 신장과 힘이 없는 허리와 다리 치료

111. 모과[木瓜]

1) 음청

治脚氣衝心木瓜一顆去子煎服嫩者更佳又止嘔逆痰唾

각기충심[183]을 치료하려면 모과 1개의 씨를 제거한 다음 달여서 복용한다. 어린 모과가 더 좋다. 또한 구역질과 가래가 나와 침 뱉는 것을 멎게 한다.

재료

모과	1개
물	2컵

모과(온)
+1

1 모과를 씻어서 반으로 갈라 씨를 없앤다.

2 1을 편으로 썬다.

3 주전자에 2와 분량의 물을 합하여 넣고 서서히 달인다.

◉ **약선 적용**

모과   성은 온, 미는 산하다.

효능 : 각기를 다스린다. 구역을 다스린다. 가래를 다스린다.

◉ **효능**   각기충심, 구역질, 가래침

---

183) 35) 참조.

112. 모과와 꿀

1) 수제비

治姙娠惡阻嘔逆及頭痛食物不下木瓜一枚大者切蜜一兩二味於水中同煮令木瓜爛於沙盆内細研入小麥麪三兩搜令相入薄捍切爲棊子大每日空心用白沸湯煮强半盞和汁淡食之

임신 중의 입덧·구역(嘔逆)·두통·음식을 소화하지 못하는 것을 치료하려면 모과 큰 것 1개를 썰어 꿀 1냥을 합하여 물에 넣고 모과가 물러지도록 삶는다. 사기그릇에 넣어 곱게 갈아서 밀가루 3냥을 넣어 잘 반죽한다. 얇게 펴서 장기알 크기로 자른다. 백비탕[184]에 넣고 삶아 매일 공복씩 반 잔씩 넉넉히 담아 먹는데 즙과 합해서 담백하게 먹는다.

재료

㉠ 모과(大)	1개
물	1컵
꿀	40g
㉡ 밀가루	120g

모과 (온)	꿀 (평)	밀가루 (온)
+1	0	+1

1 모과를 씻어서 반으로 갈라 씨를 없앤다.

2 1을 편으로 썬다.

3 냄비에 2의 모과와 분량의 꿀, 분량의 물을 합하여 담고 모과가 물러지도록 은근한 불에서 삶는다.

4 3을 사기그릇에 담아 곱게 으깬 다음 ㉡의 밀가루와 합하여 반죽하여 홍두깨로 밀어서 사방 2cm 되게 썬다.

5 냄비에 물을 넣고 끓인다. 펄펄 끓으면 4를 넣고 삶아 익힌다.

6 매일 아침 5에서 삶은 것을 찻그릇으로 1/2 분량을 넉넉히 재서 삶은 물과 합해서 먹는다.

---

184) 백비탕(白沸湯) : 끓인 맹물.

◎ 약선 적용

모과　　성은 온, 미는 산하다.

　　　　　효능 : 구역을 다스린다. 음식을 소화한다. 곽란을 다스린다.

꿀　　　성은 미온 · 평, 미는 감하다.

　　　　　효능 : 속을 보한다. 오장을 편하게 한다.

밀가루　성은 온, 미는 감하다.

　　　　　효능 : 속을 보한다. 위와 장을 튼튼히 한다.

◎ **효능**　　임신 중 입덧과 구역 · 소화불량

113. 수박[西瓜] · 배[梨]

1) 기타

傷寒熱病若口渴宜服西瓜水梨皆可止渴退餘熱

상한으로 인한 열병 때문에 구갈[185]이 있으면 수박과 배를 먹는다. 이들 모두는 갈증을 멎게 하고 여열[186]을 없애준다.

재료

수박(한)	배(한)
-2	-2

---

185) 구갈(口渴) : 목이 마르는 증세.
186) 여열(餘熱) : 감기 뒤 남은 열.

◎ **약선 적용**

수박   성은 한, 미는 감하다.

효능 : 번갈(煩渴)을 없앤다.

배   성은 한, 미는 감·산(酸)하다.

효능 : 갈증에 좋다. 객열(客熱)을 없앤다.

상한으로 인하여 열이 오르고 목마른 증세가 있을 때 성이 한(寒)한 수박과
배를 처방하여 치료식으로 하고 있다.

◎ **효능**   상한성 열병, 구갈

114. 배와 산초(山椒)

1) 구이

治卒咳嗽梨一顆刺作五十孔每孔內以椒一粒以麪裹於熱火灰中煨令熟出停冷
去椒食之

갑자기 생긴 해수를 치료하려면 배 1개에 50개의 구멍을 낸다. 구멍마다 산초 1개
씩 넣고 밀가루로 싸서 뜨거운 재 속에 묻어 굽는다. 익으면 꺼내어 식기를 기다렸
다가 산초를 제거하고 먹는다.

재료

㉠ 배	1개
산초	50알
㉡ 밀가루	약간

배(한)	산초(열)
-2	+2

1 배에 대꽂이로 찔러 50개의 구멍을 낸다.

2 1의 배 구멍마다 산초 1개씩을 박아 넣는다.

3 밀가루에 물을 넣어 반죽한다.

4 2의 배를 3의 반죽으로 싼다.

5 4를 오븐에 넣어 구워 익힌다.

6 5가 완성되면 식혀서 밀가루반죽피를 벗겨내고 산초를 제거하고 먹는다.

◉ **약선 적용**

배　　성은 냉 · 한, 미는 감 · 산하다.

　　　효능 : 심번(心煩)을 멎게 한다. 가슴 속의 열결(熱結)을 다스린다.

산초　성은 온 · 열, 미는 신하다.

　　　효능 : 뱃속의 냉증을 없앤다.

◉ **효능**　갑자기 생긴 해수

115. 배 · 산초 · 엿

1) 기타

療嗽立定取好梨去核搗取汁一茶椀著椒四十粒煎一沸去滓卽納黑飴一大兩消
訖細細含嚥

기침을 금방 낫게 하려면 좋은 배를 구해서 씨를 빼고 갈아 즙을 1사발 낸 다음 산초 40개를 넣는다. 한번 끓으면 찌꺼기를 제거하고 검은 엿 1대량을 넣어서 전부 다 조금씩 먹는다.

재료

배	1개
산초	40알
검은엿	120g

배 (한)	산초 (열)	엿 (온)
-2	+2	+1

1 배의 껍질을 벗기고 반으로 갈라 씨를 없앤 다음 강판에 간다.

2 냄비에 1의 배즙을 담고 산초 40알을 합하여 끓인다. 한번 끓어오르면 찌꺼기를 말끔히 없앤다.

3 2에 엿을 넣어 녹인다.

4 조금씩 먹되 전부 다 먹는다.

◎ **약선 적용**

배   성은 냉 · 한, 미는 감 · 산하다.

효능 : 가슴 속의 열결을 다스린다.

산초   성은 온 · 열, 미는 신하다.

효능 : 뱃속의 냉증을 없앤다.

엿   성은 온, 미는 감하다.

효능 : 기침을 멈추게 한다.

◎ **효능**   기침

116. 곶감[乾柿]

1) 찜

厚腸胃澁中健脾胃氣乾柿蒸軟食之

장위를 두텁게 하여 설사를 멎게 하며 비위의 기를 튼튼하게 하려면 곶감을 쪄서 부드럽게 하여 먹는다.

재료		1 곶감을 찜통에 담아 찐다.
곶감	10개	

곶감(평)
0

◉ **약선 적용**

곶감　성은 평·냉, 미는 감하다.

　　　효능 : 장위를 튼튼하게 한다. 비위를 튼튼하게 한다.

◉ **효능**　튼튼한 장위, 튼튼한 비위

117. 석류(石榴)

1) 기타

主燥渴石榴任意食之

조갈을 다스리려면 석류를 임의대로 먹는다.

석류(온)
+1

◉ **약선 적용**

석류　성은 온, 미는 감·산하다.

　　　효능 : 조갈을 다스린다.

◉ **효능**　조갈

118. 잉금(林檎)

1) 기타

止消渴林檎食之

소갈을 멎게 하려면 잉금을 먹는다.

잉금(온)
+1

◉ **약선 적용**

잉금　성은 온, 미는 감하다.

효능 : 소갈을 다스린다.

◉ **효능**　소갈

제 5 장
식단의 실제

1. 간에 좋은 식품과 실제

1) 간에 좋은 식품

- **곡류**　　대두 · 녹두 · 완두 · 밀 · 밀가루국수 · 팥
- **수류**　　소의 간 · 염소간
- **조류**　　흰 수탉 · 누런 암탉 · 달걀
- **어류**　　잉어 · 붕어 · 뱀장어 · 숭어 · 농어 · 홍어 · 대구
　　　　　　참조개 · 강요주 · 홍합 · 우렁이
- **채소류**　아욱 · 순무 · 무 · 상치 · 씀바귀 · 냉이 · 파밑동(총백) · 부추 · 근대 · 시금치
- **과일류**　대추 · 복분자 · 홍시 · 용안 · 잣
- **조미료**　흑임자 · 들깨
- **기타**　　엿 · 꿀 · 연밥 · 인삼 · 계피 · 사삼

2) 오장에 좋은 식품

- **곡류**　　흑임자 · 대두 · 밀가루국수 · 보리 · 녹두 · 완두 · 잠두
- **수류**　　소의 양 · 소고기
- **조류**　　흰 수탉 · 누런 암탉 · 오리
- **어류**　　붕어 · 뱀장어 · 농어 · 대합 · 강요주 · 홍합
- **채소류**　콩나물 · 아욱 · 순무 · 무 · 상치 · 냉이 · 파 · 나무버섯(목이 · 송이)
- **과일류**　건대추 · 용안 · 잣
- **기타**　　엿 · 꿀

3) 식단 짜기 주의사항

(1) 어느 정도 건강을 유지하는 한 약한 부위는 보완하되 항상 평(㍀)하게 식단을 짠다.

대열	대온·열	온	평	중	냉·량	대한
+3	+2	+1	0	-1	-2	-3

(2) 상생론을 적용하되 상극론적인 요소를 살핀다.
 ① 수(水, 鹹味)는 목(木, 酸味)을 생(生)하므로, 함의 성질과 산의 성질을 가진 식품을 선택하여 식단을 짠다(신장을 보하고, 간을 보하는 식단).
 ② 금(金, 辛味)이 목(木)을 극(剋)하고, 화(火, 苦味)는 금을 극하므로, 쓴맛[苦味]의 식품을 약간 넣어 식단을 짠다.
 ③ 함미(鹹味)·산미(酸味)·고미(苦味)의 맛을 부드럽게 하기 위하여 감미(甘味)를 양념으로 넣는다.

4) 간에 좋은 식단 1

(1) 밥

재료(5인분)

| 팥 | 1/2컵 | 좁쌀 | 1/2컵 | 보리 | 1컵 |
| 쌀 | 1컵 | 찹쌀 | 1/2컵 | 물 | 4컵 |

팥	쌀	좁쌀	찹쌀	보리
+1	0	-1	-1	+1

1 팥을 씻어서 물을 충분히 부어 불에 올린다. 끓어오르면 물은 따라 버리고 다시 4컵 정도의 물을 부어 배꼽이 터지도록 물을 보충해 주면서 삶아 식힌다. 주걱으로 대충 으깬다. 이것을 체로 밭쳐 걸러서 껍질은 버린다.
2 찹쌀·쌀·보리·좁쌀을 합하여 씻어 소쿠리에 건져 물기를 뺀다.

3 2에 1의 팥물을 합하여 솥에 담아 밥을 짓는다.

(2) 계탕

재료(5인분)

㉠ 검은 암탉(3마리)	1kg	㉡ 후춧가루	약간	㉢ 녹두녹말가루	4큰술
다시마	20cm	다진 마늘	1작은술	㉣ 달걀	1개
무	200g	다진 대파밑동	1작은술	㉤ 대파밑동	1뿌리
물	10컵	들기름	2큰술	㉥ 소금	1큰술
		진간장	2큰술	국간장	2큰술
		꿀	1큰술		

검은 암탉	다시마	무	달걀
+1	-2	+1	0

후춧가루	다진 마늘	다진 흰파	들기름	간장
+2	+1	-1	+1	-1

녹두녹말	대파밑동	소금	국간장
-1	-1	+1	-1

1 냄비에 다시마·무·암탉을 담아 분량의 물을 부어 고기가 무르도록 삶는다. 도중에 물을 보충하면서 끓인다. 완성되면 고기는 건져서 뜯어 놓고 육수는 체에 밭쳐 식혀 기름을 걷어낸다.

2 1에서 뜯어낸 닭고기를 곱게 다져 ㉡으로 양념하여 작은 밤톨만한 크기로 빚는다. 이것을 ㉢의 녹두녹말가루에 굴려 찜통에서 쪄낸다. 식기 전에 냉수에 담갔다가 재빨리 건져낸다.

3 달걀을 풀어 놓는다.

4 ㉤의 대파를 어슷어슷하게 썰어 놓는다.

5 1의 육수를 냄비에 담아 끓인다. 펄펄 끓을 때 4의 대파를 넣고 ㉥으로 간을 한 다음 3의 달걀로 줄알을 친다.

6 국그릇에 2를 담아 5의 육수를 부어낸다.

(3) 농어구이

재료(5인분)

㉠ 농어	1마리(1kg)	㉡ 간장	3큰술
		들기름	3큰술

농어	간장	들기름
0	-1	+1

1 싱싱한 농어를 깨끗이 씻어 기다란 쇠꽂이로 입에서부터 꼬리까지 완전히 꿴다. 불에서 멀리 두고 자주 뒤집어가면서 굽는다.

2 ㉡의 간장과 들기름을 합한다.

3 1의 구운 농어를 토막 쳐서 2의 기름장을 발라 재워둔다.

4 석쇠를 잘 달구어 3을 얹어서 굽는데 가끔 남은 양념을 발라가면서 앞 · 뒤 골고루 굽는다.

(4) 부추김치

재료(5인분)

㉠ 부추	300g	㉡ 다진 마늘	2큰술	㉢ 고춧가루	1 1/2큰술
쪽파밑동(총백)	300g	다진 생강	1작은술	물	3큰술
소금		설탕	2큰술		
		소금 1	작은술		

부추	흰쪽파	소금	다진 마늘	다진 생강
+2	-2	+1	+2	+2

감즙	배즙	고춧가루
-2	-2	+2

1 쪽파 밑동을 다듬고 씻어서 건져 물기를 뺀다. 그릇에 한 켜를 담아 펴 소금을 고루 뿌리고 다시 반복하여 펴서 소금을 뿌려 절인다.

2 부추는 깨끗이 다듬어 씻어 건져 물기를 뺀다. 반으로 잘라 쪽파를 절인 것과 같은 방법으로 절여 놓는다.

3 ㉢의 고춧가루와 물을 합하여 갠다. 여기에 ㉡의 양념을 합한다.

4 1의 쪽파와 2의 부추를 물에 가볍게 헹구어 물기를 뺀다.

5 4에 3을 합하여 버무려서 익힌다.

(5) 사삼떡

재료(5인분)

| ㉠ 더덕 | 500g | ㉡ 찹쌀가루 | 1 1/2컵 | ㉢ 들기름 | 약간 |
| | | 소금 | 1/3작은술 | ㉣ 꿀 | 약간 |

더덕	찹쌀가루	들기름	꿀
-1	-1	+1	+1 또는 0

1 깨끗이 씻은 더덕은 껍질을 벗겨서 끓는 물에 데쳐낸다.

2 도마 위에 더덕을 올려놓고 홍두깨로 살살 두드린다. 이것을 손으로 면(무명)과 같이 얇고 넓게 잘 편다.

3 ㉡의 찹쌀가루와 소금을 합한다.

4 2의 더덕에 3으로 옷을 입힌다.

5 들기름을 두른 팬에서 4를 지져낸다.

6 5를 접시에 담아낼 때 ㉣의 꿀을 곁들인다.

(6) 계지차

재료(5인분)

| ㉠ 계지 | 30g | ㉡ 꿀 | 약간 |
| | | 물 | 6컵 |

계지	꿀
+3	0

1 계지를 찬물에 재빨리 씻어서 건져낸다.

2 질그릇주전자에 1을 넣고 분량의 물을 합하여 약한불에서 30분 정도 달인다.

3 2를 찻잔에 담아 꿀을 곁들인다.

5) 간에 좋은 식단 2

(1) 들깨죽

재료(5인분)

들깨	1/2컵	오징어 몸통	1개
쌀	1컵	대합	2개
		물	6컵

들깨	쌀	오징어	대합
+1	0	0	−1

1 쌀을 씻어서 물에 충분히 불려서 건져 물기를 뺀다.

2 1의 쌀에 물을 조금씩 넣어 가면서 블렌더로 갈아 고운체에 밭친다.

3 깨끗이 씻어 건진 들깨를 약한불에서 타지 않을 정도로 볶아 익힌다.

4 3의 깨에 물을 조금씩 넣어 가면서 블렌더로 갈아 고운체로 밭친다.

5 껍질을 제거한 오징어 몸통을 곱게 다져 놓는다.

6 대합은 내장을 깨끗이 없애고 물기를 빼서 곱게 다져 놓는다.

7 바닥이 두터운 냄비에 쌀과 깨를 깔고 남은 물을 붓는다. 여기에 5와 6을 넣고 약한불에서 충분히 끓여 식힌 다음 2의 갈아놓은 쌀을 넣고 약한불에서 나무주걱으로 저어준다.

8 7이 뜨거워지면 4의 깻물을 조금씩 부어 넣어 멍울이 지지 않도록 가끔 저어준다.

9 8이 끓어오르면 불을 아주 약하게 줄여서 서서히 끓여 죽을 만든다.

(2) 숭어전유아국

재료(5인분)

㉠ 숭어	1마리	㉡ 달걀	2개	㉢ 후춧가루	
다시마	20cm	녹두녹말	1/2컵	대파밑동(총백)	1뿌리
두부	1/2모	소금	약간	㉣ 소금	1큰술
물	15컵	후추	약간	국간장	2큰술
		흑임자기름	약간		

숭어	다시마	두부
+1	−2	+2

소금	후추	흑임자기름	녹두녹말	달걀
+1	+2	−2	−1	0

소금	후춧가루	국간장	대파밑동
+1	+2	−1	−1

1 냄비에 ㉠의 다시마를 넣고 분량의 물을 부어 끓이되 도중에 물을 보충하면서 끓인다. 완성되면 다시마는 건지고 국물은 체에 밭친다.

2 신선한 숭어를 깨끗이 씻어 한입에 먹기 좋은 크기로 포를 떠 소금과 후춧가루를 뿌려 재워놓는다.

3 달걀은 흰자와 노른자를 섞어 잘 풀어 놓는다.

4 팬을 불에 올려놓고 달구어지면 들기름 약간을 두르고 2의 숭어살을 녹두녹말과 3의 달걀로 옷을 입혀서 노릇노릇하게 지져낸다.

5 두부를 사방 0.5cm 되게 썬다.

6 1에서 건져낸 다시마는 사방 0.5cm 되게 썬다.

7 ㉢의 대파밑동은 어슷어슷 썰어 놓는다.

8 1의 육수를 냄비에 담아 끓인다. 펄펄 끓을 때 4의 숭어전, 5의 두부, 6의 다시마, 7의 대파를 넣고 한소끔 끓인 후 ㉣로 간을 한다.

9 국그릇에 8을 담아 ㉢의 후춧가루를 뿌려낸다.

(3) 매실장아찌

재료(5인분)

㉠ 다듬은 매실	4컵	㉢ 진간장	2컵
㉡ 소금	1/2컵	물	1컵
물	5컵	꿀	1컵

매실	간장	꿀
0	−1	+1

1 깨끗이 씻은 매실에 십자로 칼집을 넣어 씨를 빼내어 4컵을 준비한다.

2 항아리에 ㉡의 소금과 물을 합하여 잘 섞어서 1의 매실을 담아 뚜껑을 닫는다. 7일간 침하여 삭힌다.

3 7일이 지나면 2의 매실을 소쿠리에 건져 물기를 뺀다.

4 ㉢의 진간장·물·꿀을 합하여 그릇에 담고 3의 매실을 넣는다. 7일 정도 지나면 먹을 수 있다.

5 오랫동안 보관하려면 4의 매실담근국물을 7일 후에 따라서 한소끔 끓인 후에 식혀서 넣는다.

(4) 황자계찜

재료(5인분)

㉠ 누런 암탉	1마리	㉢ 꿀	1 1/2큰술	㉣ 표고버섯	3장
㉡ 닭육수	1컵	들기름	2큰술	죽순	50g
		후춧가루	1/5작은술	도라지	2뿌리
		진간장	3큰술	들기름	2큰술
		다진 대파밑동	1/2뿌리	㉤ 달걀	2개
				㉥ 푸른쪽파	2뿌리

누런 암탉	달걀
0	0

표고버섯	꿀	들기름	후춧가루	대파밑동	죽순	도라지
0	0	+1	+2	−1	−2	0

1 황자계의 내장을 빼고 손질하여 통째로 무르게 삶아 건진다. 국물은 식혀 기름을 걷어내고 1컵을 취해 놓는다. 닭고기는 살만 뜯어놓는다.

2 1의 육수 1컵에 ㉢의 양념을 합한다.

3 ㉤의 달걀을 풀어 놓는다.

4 표고버섯을 물에 불려서 4등분한다. 죽순과 도라지는 깨끗이 손질하여 어슷썬다.

5 바닥이 두터운 냄비를 불에 올려놓고 ㉣의 들기름 2큰술을 두른다. 4의 표고버섯·죽순·도라지와 1의 닭고기를 넣고 볶은 후 2의 장국을 넣고 잠깐 끓인다. 여기에 3의 달걀로 줄알을 쳐서 뚜껑을 덮고 잠시 익힌다.

6 5를 그릇에 담아 잣을 뿌린다. ㉥의 푸른쪽파를 송송 썰어 교태한다.

(5) 숙깍두기

재료(5인분)

㉠ 무	500g	㉡ 미나리	5뿌리	㉢ 소금	1큰술
배	1개	쪽파밑동	3뿌리	꿀	1/2큰술
		붉은 고추	5개	다진 마늘	1큰술
				다진 생강	1/2작은술
				참깨	1/2큰술

무 0								
배	미나리	쪽파밑동	붉은 고추	소금	꿀	마늘	생강	참깨
-2	-2	-1	+2	+1	0	+2	+2	-2

1 무를 사방 2cm의 정사면체로 썰어 찜통에서 쪄낸다.

2 배를 강판에 갈아 놓는다.

3 붉은 고추를 씨가 들어 있는 채로 블렌더에 2의 배즙을 약간 넣고 간다.

4 미나리와 쪽파밑동은 2cm 길이로 썬다.

5 1에 3의 고추즙을 넣고 물들인 후 2와 4를 합하고 ㉢의 양념을 넣어 버무린다.

(6) 장어구이

재료(5인분)

㉠ 장어(大)	2마리(600g)	㉡ 진간장	2큰술	다진 마늘	1큰술
		술(소주)	2큰술	다진 생강	1작은술
		꿀	1큰술	후춧가루	1/5작은술
		다진 대파밑동	2큰술	들기름	2큰술

장어								
-2								
간장	술	꿀	대파밑동	마늘	생강	후춧가루	들기름	
-1	+3	0	-1	+2	+2	+2	+1	

1 양식장어가 아닌 자연장어의 등쪽에 칼을 넣어 한 장으로 펴서 내장과 뼈를 발라
   낸다.
2 ㉡을 합하여 양념장을 만든다.
3 석쇠가 달궈지면 장어를 놓고 앞 · 뒤를 굽는다.
4 3에 2의 양념장을 고루 발라 구워서 먹기 좋은 크기로 썰어 그릇에 담는다.

(7) 감떡

재료(5인분)

㉠ 찹쌀가루	5컵	㉡ 거피팥 찐 것	5컵	㉢ 볶은 거피팥고물	2컵
소금	1작은술	꿀	1/2컵	꿀	1/4컵
감(홍시)	5개	소금	1작은술	계피가루	1/2작은술
				잣	1큰술
				밤	5알
				대추	5알

찹쌀	감				
-1	-2				
거피팥	꿀	계피가루	잣	밤	대추
+1	0	+3	+1	+1	+1

1 홍시를 체에 밭쳐 내린다.

2 찹쌀가루에 소금을 넣고 체에 내려 1의 홍시와 합하여 반죽한다. 이것을 화전(직경 5cm) 크기로 빚어 놓는다.

3 쪄낸 거피팥고물 5컵에 꿀 1/2컵과 소금 1작은술을 넣고 볶아 체에 내린다.

4 3의 볶은 팥고물에서 2컵을 취하여 ⓒ의 나머지를 합하여 반죽하여 밤톨 크기로 빚는다.

5 찜통에 베보자기를 깔고 3의 고물을 한 켜 깐다. 이 위에 2의 화전 반죽을 늘어놓고 4의 소를 하나씩 얹는다. 다시 이 위에 2의 화전 반죽을 맞붙여 얹은 다음 3의 고물을 뿌리고는 베보자기로 덮어 20분간 찐다.

※ 감떡은 질감이 떡이라기보다는 숟가락으로 떠서 먹는 푸딩에 가깝다.

(8) 오미자차

재료(5인분)

| ㉠ 오미자 | 1/2컵 | ⓒ 꿀 | 1/2컵 |
| 물 | 6컵 | | |

오미자	꿀
+1	0

1 오미자는 물에 씻은 후 분량의 물을 부어 하룻밤을 우려내어 고운체로 걸러낸다.

2 1의 오미자물에 ⓒ의 꿀을 합한다.

2. 심장에 좋은 식품과 실제

1) 심장에 좋은 식품

- 곡류 　 두부 · 연밥
- 수류 　 사향 · 숫염소고기 · 돼지심장 · 소심장
- 조류 　 검은 수탉 · 달걀
- 채소류 　 흰 참깻잎 · 배추 · 씀바귀 · 사삼 · 부추 · 근대 · 단박 · 상황버섯 · 석이버섯 · 인삼
- 과일류 　 홍시 · 배
- 조미료 　 미초(米酢) · 마늘 · 산초 · 후추
- 기타 　 우유 · 요구르트 · 연꽃 · 계피 · 계심 · 계지

2) 오장에 좋은 식품

- 곡류 　 흑임자 · 대두 · 밀가루국수 · 보리 · 녹두 · 완두 · 잠두
- 수류 　 소의 양 · 소고기
- 조류 　 흰 수탉 · 누런 암탉 · 오리
- 어류 　 붕어 · 뱀장어 · 농어 · 대합 · 강요주 · 홍합
- 채소류 　 콩나물 · 아욱 · 순무 · 무 · 상치 · 냉이 · 파 · 나무버섯(목이 · 송이)
- 과일류 　 건대추 · 용안 · 잣
- 기타 　 엿 · 꿀

3) 식단짜기 주의사항

(1) 어느 정도 건강을 유지하는 한 약한 부위는 보완하되 항상 평(苹)하게 식단을 짠다.

대열	대온·열	온	평	냉·량	한	대한
+3	+2	+1	0	-1	-2	-3

(2) 상생론을 적용하되 상극론적인 요소를 살핀다.

　① 목(木, 酸味)은 화(火, 苦味)를 생(生)하므로, 산의 성질과 고의 성질을 가진 식품을
　　선택하여 식단을 짠다(간장을 보하고 심장을 보하는 식단).

　② 수(水, 鹹味)가 화(火)를 극(剋)하고, 토(土, 甘味)는 수를 극하므로 단맛의 식품을 약
　　간 넣어 식단을 짠다.

4) 심장에 좋은 식단 1

(1) 연밥

재료(5인분)

쌀	2컵
연밥	2컵
물	5컵

연밥	쌀
0	0

1 연밥[蓮子]은 밥 짓기 3시간 전에 씻어서 물에 충분히 불린 다음 소쿠리에 건져 물기
　를 뺀다.

2 쌀은 밥 짓기 30분 전에 씻어서 물에 불려 소쿠리에 건져 물기를 뺀다.

3 1과 2를 합하여 섞어 냄비에 안친다. 분량의 물을 붓고 센불에 올려 끓인다.

4 한번 끓어오르면 중불로 줄이고 쌀알이 퍼지면 불을 아주 약하게 줄여서 뜸을 충
　분히 들인다.

(2) 대합국

재료(5인분)

㉠ 대합	20개	㉡ 대파밑동	1뿌리	㉢ 소금	1큰술
마른 미역	30g	다진 마늘	2작은술	국간장	1큰술
두부	1/2모	후춧가루	약간		
무	200g	다홍고추	1개		
물	10컵				

대합	두부	무	미역	마늘	소금
-1	+2	-1	-2	+2	+1

간장	고추	대파밑동	후춧가루	소금
-1	+2	-1	+2	+1

1 3~5% 정도의 소금물을 만들어 대합을 4시간 정도 담근다.

2 대파밑동은 어슷어슷 썰어 놓는다.

3 다홍고추는 씨를 빼고 채로 썬다.

4 냄비에 분량의 물과 무를 넣고 물을 보충하면서 끓인다. 무가 익으면 건져서 나박 썰기를 한다.

5 4의 국물을 그대로 올려놓고 끓어오르면 1의 대합과 ㉢의 양념을 넣는다.

6 5의 대합 껍데기가 벌어지면 2·3과 다진 마늘을 넣어 한소끔 끓인다.

7 6을 그릇에 담아 후춧가루를 뿌려낸다.

(3) 염통구이

재료(5인분)

㉠ 소 염통	400g	㉡ 다진 파	2큰술	참기름	1큰술
우둔살	200g	다진 생강	1 1/2작은술	후춧가루	약간
배	1개	다진 마늘	1 1/2큰술	꿀	1큰술
		진간장	3큰술		

소염통	우둔살
0	0

배	파	마늘	생강	참기름	후춧가루	꿀	간장
-2	0	+2	+2	-2	+2	0	-1

1 소의 염통을 얇게 저미며 잔 칼집을 넣는다. 우둔살도 얇게 저미며 썬다.

2 배를 강판에 갈아 놓는다.

3 1과 2를 합하여 ⓛ의 양념을 넣고 주물러 재워둔다.

4 팬에 3을 구워 뜨거울 때 낸다.

(4) 배추찜

재료(5인분)

㉠ 배추속대	300g	㉡ 진간장	1큰술	㉢ 맑은 장국	
목이버섯	2개	다진 마늘	1작은술	물	2컵
표고버섯	2개	다진 파	1작은술	진간장	1큰술
석이버섯	3장	다진 생강	1/3작은술	꿀	1/2큰술
미나리	2뿌리	꿀	1/2큰술		
쪽파	1뿌리	참기름	1작은술		
우둔살	200g	후춧가루	약간		
은행	10알	식용유	약간		

배추	목이버섯	표고버섯	석이버섯	미나리	쪽파	우둔살
0	0	0	0	0	0	0

간장	마늘	파	생강	꿀	참기름	후춧가루	간장	꿀	은행
-1	+2	0	+2	0	-2	+2	-1	0	-2

1 끓는 물에 배추속대를 넣고 안팎의 숨이 죽도록 데쳐낸다.

2 우둔살을 채로 썰어 ⓛ으로 양념하여 볶는다.

3 목이버섯을 잘게 뜯어 놓는다. 표고버섯과 석이버섯은 채로 썬다. 이들 각각은 약
   간의 식용유를 두르고 살짝 볶는다.

4 미나리와 쪽파는 끓는 물에 살짝 데쳐내어 3cm 길이로 썬다.

5 은행은 볶아서 껍질을 벗긴다.

6 1의 배추에 2·3·4·5의 소를 김칫속 넣듯이 색깔별로 넣는다.

7 ㉢의 맑은장국을 냄비에 담아 끓인다. 끓어오르면 6을 넣고 장국이 조리도록 약한 불에서 푹 끓여 익힌다.

8 7이 완성되면 꺼내어 3cm 길이로 썰어 접시에 담고 초장을 곁들인다.

(5) 깻잎전

재료(5인분)

㉠ 흰 깻잎	20장	㉡ 꿀	1/2큰술	㉢ 밀가루	2큰술
우둔살	100g	간장	1큰술	달걀	2개
양파	100g	다진 마늘	1작은술	식용유	약간
		다진 파	1작은술	밀가루	약간
		참기름	1작은술		
		후춧가루	약간		

우둔살	흰 깻잎	밀가루	양파	마늘	달걀
0	-2	0	+2	+2	0

참기름	후춧가루	간장	꿀	파	식용유
-2	+2	-1	0	0	-1

1 깻잎은 씻어 물기를 닦는다.

2 우둔살과 양파를 곱게 다져서 합하여 ㉡으로 양념한다.

3 팬에서 2를 볶되, 물기가 생기면 밀가루 2큰술을 뿌려 섞고 식힌다.

4 1의 깻잎 한면에 밀가루를 묻히고 3의 소를 깻잎의 반쯤에 놓고 남는 쪽을 접어서 반달 모양으로 만든다.

5 달걀을 깨뜨려 잘 푼다.

6 4에 밀가루를 앞뒤로 고루 묻히고 5의 달걀에 담갔다가 기름을 두른 팬에 지져 낸다.

7 6에 초장을 곁들여낸다.

(6) 요구르트

재료

요구르트
─1

2) 심장에 좋은 식단 2

(1) 보리밥

재료(5인분)

통보리	2컵
쌀	2컵
물	5컵

쌀	보리
0	+1

1 통보리는 잘 대껴서 씻어 물을 충분히 붓고 삶아 소쿠리에 건져 물기를 빼놓는다.

2 쌀은 밥 짓기 30분 전에 씻어서 물에 불렸다가 소쿠리에 건져 물기를 빼놓는다.

3 1과 2를 합하여 냄비에 담아 분량의 물을 붓고 센불에 올려 끓인다.

4 3이 끓으면 중불로 약하게 줄이고 쌀알이 퍼지면 불을 아주 약하게 줄여서 충분히 뜸을 들인다.

(2) 배추속대국

재료(5인분)

㉠ 배춧속대	300g	㉡ 다진 마늘	1작은술	㉢ 된장	5큰술
우둔살	100g	참기름	1작은술	대파	1뿌리
물	10컵	간장	1/2큰술	다진 마늘	1큰술
		후춧가루	약간		

배추속대	우둔살				
0	0				

마늘	참기름	간장	후춧가루	된장	대파
+2	−2	−1	+2	−1	0

1 배춧속대를 길쭉길쭉하게 갈라서 끓는 물에 데쳐 놓는다.

2 우둔살을 얇게 저며 ㉡으로 양념하여 냄비에 넣고 볶다가 익으면 분량의 물을 붓고 끓인다. 이때 된장을 걸러 넣고 끓인다.

3 대파는 어슷어슷 썰어 놓는다.

4 2의 국물이 충분히 맛이 들면 1과 3을 넣고, 다진 마늘 1큰술 넣어 한소끔 끓인다.

(3) 오웅계찜

재료(5인분)

㉠ 오웅계	1마리	㉡ 진간장	2작은술	㉢ 미나리	1뿌리	㉤ 녹말	2큰술
우둔살	50g	꿀	1작은술	대파밑동	1/4뿌리	물	2큰술
인삼	1뿌리	다진 마늘	1작은술	달걀	1개	㉥ 식용유	약간
송이버섯	1개	다진 파	1작은술	㉣ 육수	2컵		
		후춧가루	약간	진간장	1작은술		
		다진 생강	1/4작은술	꿀	1/2작은술		
				후춧가루	약간		

오웅계	우둔살	인삼	송이버섯							
+1	0	+1	0							

간장	꿀	마늘	파	후춧가루	생강	미나리	흰 대파	달걀	녹말	식용유
−1	0	+2	0	+2	+2	0	−1	0	−1	−1

1 닭내장을 항문 쪽으로 빼내어 깨끗이 씻고 물기를 빼낸다.

2 우둔살·인삼·송이버섯을 곱게 다져 ㉡으로 양념하여 볶은 후 1의 닭 뱃속에 집어 넣고 대꽂이로 꿴다. 이것을 그릇에 담아 뚜껑을 덮는다.

3 커다란 찜통에 2를 넣고 중탕하여 무르도록 쪄낸다.

4 미나리를 4cm 길이로 썰어 놓는다.

5 대파밑동은 어슷어슷썬다.

6 달걀은 황백 지단으로 지져 4cm 길이로 채썬다.

7 냄비에 ㉣의 육수 등을 담아 불에 올려놓는다. 끓으면 ㉤의 물에 갠 녹말을 넣어 같은 방향으로 저어준다. 걸쭉해지면 4·5를 넣고 살짝 끓여서 꺼낸다.

8 커다란 접시에 3의 닭을 쪼개어 담고 7을 끼얹는다. 6의 달걀채를 뿌린다.

9 초장을 곁들여낸다.

(4) 배추김치

재료(5인분)

㉠ 배추	2통(6kg)	㉢ 미나리	50g	㉣ 배	1개
무	1개(1kg)	갓	50g	사과	1개
㉡ 소금	1/2컵	쪽파	50g	물	5컵
물	5컵	마늘채	3/4컵	소금	3큰술
소금		생강채	1/4컵		
		석이버섯	5장		
		소금	1큰술		
		배	1개		

배추	무	배	사과	미나리	갓	쪽파
0	+1	-1	+1	-2	+1	0

1 배추는 겉잎을 떼어내고 다듬어서 반으로 갈라 포기를 나눈다.

2 ㉡으로 소금물을 만든다.

3 1을 2의 소금물에 담갔다가 건져서 차곡차곡 담되 켜켜이 소금을 뿌려 절인다. 절이는 시간은 10시간 정도로 한다. 중간에 위·아래의 위치를 바꾸어 고르게 절여지도록 한다.

4 3의 배추가 다 절여졌으면 깨끗이 씻어서 소쿠리에 담아 물기를 뺀다.

5 무는 씻어서 곱게 채썬다.

6 ㉢의 미나리·갓·쪽파는 다듬고 씻어서 4cm 길이로 썬다. 배는 껍질을 벗겨서 채썬다. 석이버섯도 4cm 길이로 채썬다.

7 넓은 그릇에 5의 무와 6의 미나리·갓·쪽파·배·석이버섯을 담고 ㉢의 마늘채

와 생강채, 소금을 합하여 버무린다.

8 4의 배추에 7의 소를 배춧잎 사이사이에 채워 넣고, 소가 빠지지 않게 잘 오므려서 항아리에 담는다.

9 ㉹의 배와 사과를 강판에 갈아서 분량의 물과 소금을 합하여 소금물을 만든 다음 8의 항아리에 붓는다. 뚜껑을 덮어 익힌다.

(5) 송이산적

재료(5인분)

㉠ 송이	200g	㉡ 진간장	1큰술	㉢ 진간장	1작은술
우둔살	200g	꿀	1/2큰술	꿀	1작은술
		다진 마늘	2작은술		
		다진 파	2작은술		
		후춧가루	약간		
		참기름	1작은술		
		배즙	2큰술		

송이	우둔살
0	0

간장	꿀	마늘	파	후춧가루	참기름	배즙
-1	0	+2	0	+2	-2	-1

1 우둔살을 두께는 연필굵기(0.7cm) 길이는 6cm로 썰어 잔칼질해서 ㉡으로 양념한다.

2 송이버섯은 0.7cm 두께로 칼집을 넣고 가른 후 저며서 ㉢으로 버무려 놓는다.

3 대꽂이에 1과 2를 번갈아 꿰어 석쇠에 굽는다. 또는 팬에서 구워낸다.

(6) 홍시와 배

재료

홍시	배
~1	~1

3. 비위에 좋은 식단과 실제

1) 비장에 좋은 식품

- **곡류**　　좁쌀 · 찹쌀 · 팥
- **수류**　　소고기 · 돼지비장
- **어류**　　붕어, 치어(鯔魚, 숭어) · 쏘가리
- **채소류**　　아욱 · 마늘
- **과일류**　　대추 · 건시 · 곶감 · 용안
- **조미료**　　흰 참깨기름
- **기타**　　엿 · 엿기름 · 꿀 · 귤피 · 두부

2) 위에 좋은 식품

- **곡류**　　대두 · 보리 · 쌀 · 좁쌀 · 청량미 · 콩가루 · 우리밀 · 메밀 · 완두
- **수류**　　우두(牛肚, 소의 양) · 양 · 황구육 · 숫염소고기
- **조류**　　황자계(黃雌鷄, 누런 암탉) · 검은 암탉

- 어류   붕어 · 치어 · 조기 · 쏘가리 · 농어 · 뱅어 · 게 · 참조개 · 강요주
- 채소류   우엉 · 부추 · 콩나물 · 토란 · 무 · 배추 · 마늘 · 나무버섯 · 표고버섯 · 석이버섯
- 과일류   대추 · 건시 · 귤 · 감자 · 밤 · 홍시 · 곶감 · 은행
- 조미료   생강 · 흑임자기름
- 기타   인삼 · 귤피 · 두부 · 꿀 · 칡뿌리

3) 오장에 좋은 식품

- 곡류   흑임자 · 대두 · 밀가루국수 · 보리 · 녹두 · 완두 · 잠두
- 수류   소의 양 · 소고기
- 조류   흰 수탉 · 누런 암탉 · 오리
- 어류   붕어 · 뱀장어 · 농어 · 대합 · 강요주 · 홍합
- 채소류   콩나물 · 아욱 · 순무 · 무 · 상치 · 냉이 · 파 · 나무버섯(목이 · 송이)
- 과일류   건대추 · 용안 · 잣
- 기타   엿 · 꿀

4) 식단짜기 주의사항

(1) 어느 정도 건강을 유지하는 한 약한 부위는 보완하되 항상 평(平)하게 식단을 짠다.

대열	대온 · 열	온	평	냉 · 량	한	대한
+3	+2	+1	0	−1	−2	−3

(2) 상생론을 적용하되 상극론적인 요소를 살핀다.

  ① 화(火, 苦味)는 토(土, 甘味)를 생(生)하므로, 고의 성질과 감의 성질을 가진 식품을 선택하여 식단을 짠다(심장을 보하고 비위를 보하는 식단).

② 목(木, 酸味)이 토(土)를 극(剋)하고, 또 금(金, 辛味)이 목을 극하므로 매운맛[辛味]의 식품을 약간 넣어 식단을 짠다.

5) 비장에 좋은 식단

(1) 좁쌀밥

재료(5인분)

차조	1컵	붉은팥	1컵
쌀	2컵	팥물	5컵

좁쌀	쌀	팥
-1	0	+1

1 팥은 씻어서 충분히 잠길 정도의 물을 부어 불에 올린다. 끓어오르면 물은 따라 버리고 다시 물을 부어 팥알이 터지지 않을 정도로 삶은 후 건져낸다. 팥물은 따로 받아 두어 밥물로 쓴다.

2 차조와 쌀은 밥 짓기 30분 전에 씻어서 물에 불려 소쿠리에 건져 물기를 뺀다.

3 냄비에 1의 팥과 2의 차조 및 쌀을 담고 1의 팥물에 물을 합하여 5컵을 붓는다.

4 3을 불에 올려 끓인다. 한번 끓어오르면 중불로 줄이고 쌀알이 퍼지면 불을 약하게 하여 뜸을 충분히 들인다.

(2) 아욱국

재료(5인분)

아욱	200g	된장	4큰술
대파밑동	1뿌리	다진 마늘	1큰술
생새우	50g	물	10컵
		청장	

아욱	마늘	새우	된장	대파밑동
-1	+2	0	0	-1

1 아욱의 껍질을 벗긴다.

2 생새우를 씻어 물기를 뺀다.

3 대파밑동은 어슷어슷썬다.

4 냄비에 분량의 물을 담아 된장을 풀고 2의 새우를 넣어 끓인다.

5 4의 국물이 끓으면 1을 넣고 다진 마늘과 3의 대파를 넣어 한소끔 더 끓인다.

(3) 통배추김치전

재료(5인분)

㉠ 통배추김치줄거리	5잎	㉡ 간장	1/2큰술	㉢ 밀가루	1/2컵
소고기	100g	다진 파	1/2작은술	달걀	2개
두부	1모	다진 마늘	1/2작은술	참기름	약간
		참기름	약간		
		후춧가루	약간		
		꿀 1	작은술		

배추	소고기	두부	밀가루	달걀
0	0	-1	+1	0

1 통배추김치줄거리의 국물을 꼭 짜서 4cm폭으로 썬다.

2 소고기는 곱게 다져서 ㉡으로 양념한다. 두부는 1cm 두께로 썰어 참기름을 두르고 앞뒤를 노릇노릇하게 지져 놓는다.

3 1의 김치조각의 절반에는 밀가루를 묻히고 2의 소고기를 얇게 붙여 놓는다. 나머지 절반에는 밀가루를 바르고 두부를 붙인다.

4 3에 밀가루와 달걀을 입혀 지져낸다.

(4) 숭어구이

재료(5인분)

㉠ 숭어	1마리	㉡ 간장	1/2큰술	㉢ 초장	
우둔살	50g	후춧가루	약간	간장	3큰술
누런 암탉(황자계)	50g	다진 생강	약간	식초	1 1/2큰술
술	2큰술	다진 파	1/2작은술	꿀	1 1/2큰술
배추	4잎	다진 마늘	1/2작은술	물	3큰술
		참기름	1작은술	생강즙	1작은술

숭어	소고기	황자계
0	0	0

1 숭어는 비늘이 상하지 않게 다루어 아가미로 내장을 뺀 다음 속을 깨끗이 씻는다.
술 2큰술을 뿌려 재워둔다.

2 소고기와 닭고기를 합하여 곱게 다져서 ㉡으로 양념하여 1의 숭어 뱃속에 채워 넣
는다.

3 ㉠의 배춧잎을 끓는 물에 살짝 데쳐낸다.

4 2를 3으로 싸서 쿠킹포일로 다시 한 번 싼 다음 오븐에 넣어 굽는다.

5 4가 익으면 꺼내서 비늘을 훑어 버리고 접시에 담아 초장을 곁들인다.

(5) 마늘장아찌

재료(5인분)

㉠ 통마늘	10개	㉡ 진간장	1컵	㉢ 물	2컵
		물	1컵	소금	3 1/2큰술
		꿀	1/2컵		

마늘	꿀	간장
+1	+1	−1

1 연한 통마늘을 구하여 껍질을 한 켜 벗겨낸다. 이것을 마늘대가 조금 남게 잘라서
㉢의 소금물에 담가 7일 정도 삭힌다.

2 1의 삭힌 마늘을 건져서 물기를 빼고 그릇에 담는다.

3 ⓒ의 진간장 · 물 · 꿀을 그릇에 담아 한소끔 끓여 식힌다.

4 2에 3의 간장물을 붓고 뚜껑을 덮어서 보관한다.

(6) 식혜

재료(5인분)

쌀	2컵	유자	1개
물	10컵	꿀	약간
엿기름	4컵		

쌀	엿기름	유자	꿀
0	+1	-1	0

1 냄비에 분량의 물을 담고 끓인 후 손을 넣어도 될 정도로 식혀서 분량의 엿기름을 푼다. 나무주걱으로 저어서 2시간 정도 놓아둔다. 윗물이 맑아지면 윗물만 고운체로 밭친다.

2 쌀을 깨끗이 씻어 찜통에 넣고 되게 쪄낸 다음 찬물에 씻어 알알이 밥알을 흩어지게 하여 건져놓는다. 이 밥을 항아리에 담고 1의 엿기름물을 부어 뚜껑을 닫아 봉한다.

3 2를 45℃ 정도에서 5시간 정도 놓아두면 밥알이 삭아서 3~5알 정도 동동 뜨게된다. 그러면 찬 곳으로 옮겨 보관한다. 이때 꿀을 탄 찬물을 보충할 수도 있다. 여기에 유자를 통째로 넣어 유자향이 우러나게 한다.

2) 위장에 좋은 식단

(1) 면신선로

재료(5인분)

㉠ 도가니	500g	㉢ 간장	1큰술	㉣ 소금	1/2작은술	㉤ 우리 밀가루	5컵
누런 암탉(황자계)		후춧가루	약간	다진 파	1/2큰술	대파밑동	1뿌리
	1/2마리	다진 마늘	1작은술	다진 마늘	1/2큰술	달걀	5개
㉡ 생강	1톨	다진 파	1작은술	참기름	1/2큰술	㉥ 물	3큰술
대파	1뿌리	참기름	1/2큰술	후춧가루	약간	간장	3큰술
마늘	5알	다진 생강	1/2작은술			식초	1 1/2큰술
물	15컵					꿀	1 1/2큰술

도가니	황자계	달걀	밀가루	대파밑동
+1	0	0	0	−1

1 닭의 살을 뼈에서 발라내어 얇게 저며 ㉢으로 양념한다.

2 도가니와 1에서 발라낸 닭뼈를 합하여 ㉡의 생강·대파·마늘·물과 함께 뭉근한 불에서 물을 보충하면서 끓인다. 도가니에서 뼈와 살이 분리되면 살은 꺼내어 얇게 저미고 뼈는 도로 집어넣어 계속 끓인다.

3 2의 도가닛살을 ㉢으로 양념한다.

4 2의 육수가 완성되면 식혀서 기름을 거두고 고운체로 밭친다.

5 ㉤의 밀가루를 반죽하여 밀어 칼국수용 밀국수로 만들어 놓는다. 대파를 어슷어슷 썬다. 달걀을 풀어 놓는다.

6 전골냄비에 1의 닭고기를 담고 4의 육수를 부어 끓인다. 육수가 끓으면 5의 국수를 넣는다. 다시 한소끔 끓으면 3의 도가닛살과 5의 대파를 넣고 5의 달걀로 줄알을 친다.

7 6을 그릇에 담아 후춧가루를 뿌려낸다.

8 ㉥으로 초장을 만들어 곁들인다.

(2) 동치미

재료(5인분)

㉠ 조선무	5개	㉡ 저민 마늘	3/4컵	㉢ 배	1개
소금	3/4컵	저민 생강	1/4컵	소금	1/2컵
		풋고추 삭힌 것	10개	물	15컵
		쪽파	40g	꿀	1컵

무
0

1 작고 단단한 무를 골라 잔뿌리를 떼고 소금에 굴려 항아리에 담는다. 남은 소금은 위에 뿌려서 12시간 정도 절인다. 도중에 위·아래의 위치를 바꾸어 놓는다. 다 절여지면 씻어서 물기를 뺀다.

2 마늘과 생강은 저미고 파는 3cm 길이로 썬다.

3 베주머니를 만들어 2를 넣고 빠져나오지 못하도록 꿰맨다.

4 항아리 맨 아래쪽에 3의 베주머니를 넣고 이 위에 1의 무를 한켜 깔고 고추를 얹는 것을 반복하여 담는다.

5 ㉢의 배는 강판에 갈고, 소금·꿀·물을 합하여 소금물을 만든다. 이것을 4의 항아리에 붓고 뚜껑을 덮고 익힌다.

(3) 밤죽

재료(5인분)

좁쌀	1/2컵	밤	20개
물	7컵	소금	약간

쌀	밤
0	+1

1 물에 충분히 불린 좁쌀을 건져 물기를 빼고 블렌더에 물을 조금씩 넣어 주면서 갈

아 고운체에 밭친다.

2 껍질을 벗긴 밤도 물을 조금씩 주면서 블렌더에 갈아 고운체로 밭친다.

3 냄비에 2의 밤물과 1의 좁쌀물을 한 데 부어 불에 올려서 나무주걱으로 저으면서 끓인다. 한번 끓어오르면 불을 약하게 줄이고 죽이 완전히 퍼질 때까지 끓인다.

4 식성에 따라 소금으로 간을 맞추어도 좋다.

(4) 도토리묵무침

재료(5인분)

㉠ 도토리묵	1모	㉡ 간장	1작은술	㉢ 참기름	1큰술
배추김치	1/4포기	꿀	1/2작은술	통깨	1큰술
소고기	100g	참기름	1작은술	다진 마늘	1큰술
김	1장	다진 마늘	1작은술		
		다진 파	1작은술		
		후춧가루	약간		

도토리	배추	소고기
0	0	0

1 도토리묵을 손가락 굵기로 썰어 5cm 길이로 썬다.

2 김치는 굵은 채로 썬다.

3 소고기는 곱게 다져서 ㉡으로 양념하여 볶는다.

4 김은 팬에 바싹 구워 가루로 만든다.

5 1·2·3과 ㉢의 양념을 함께 잘 버무려 접시에 담고 4의 김가루를 뿌려낸다.

(5) 숭어전

재료(5인분)

숭어	1마리	소금	약간
달걀	2개	후춧가루	약간
우리밀가루	1컵	식용유	약간

숭어	우리밀	달걀
0	0	0

1 숭어의 살을 알맞은 크기로 저며 포로 뜬다.

2 1에 소금과 후춧가루를 뿌려 재워 놓는다.

3 달걀을 깨뜨려서 잘 푼다.

4 2에 밀가루로 옷을 입힌다.

5 뜨겁게 달군 팬에 기름을 두르고 4를 3의 달걀에 담갔다가 꺼내어 지져낸다.

(6) 귤

재료(5인분)

귤
─1

(7) 대추차

재료(5인분)

㉠ 건대추	50g	㉡ 꿀	약간
물	8컵	잣	약간

대추
+1

1 건대추를 씻어서 씨를 발라낸 다음 주전자에 분량의 물과 함께 담아 서서히 달인다.

2 맛이 우러나면 찻잔에 담고 잣을 3~4알 띄운다.

3 기호에 따라 꿀을 곁들인다.

4. 폐에 좋은 식단과 실제

1) 폐에 좋은 식품

- 곡류　　　흰 참깨 · 율무 · 들깨
- 수류　　　돼지허파 · 달걀흰자
- 채소류　　사삼(더덕) · 도라지 · 무 · 부추 · 근대 · 단호박
- 과일류　　호두 · 오매 · 복숭아 · 홍시 · 은행
- 조미료　　생강
- 기타　　　인삼 · 오미자 · 우유 · 귤피 · 꿀 · 계피

2) 오장에 좋은 식품

- 곡류　　　흑임자 · 대두 · 밀가루국수 · 보리 · 녹두 · 완두 · 잠두
- 수류　　　소의 양 · 소고기
- 조류　　　흰 수탉 · 누런 암탉 · 오리
- 어류　　　붕어 · 뱀장어 · 농어 · 대합 · 강요주 · 홍합
- 채소류　　콩나물 · 아욱 · 순무 · 무 · 상치 · 냉이 · 파 · 나무버섯(목이 · 송이)
- 과일류　　건대추 · 용안 · 잣
- 기타　　　엿 · 꿀

3) 식단짜기 주의사항

(1) 어느 정도 건강을 유지하는 한 약한 부위는 보완하되 항상 평(平)하게 식단을 짠다.

대열	대온·열	온	평	냉·량	한	대한
+3	+2	+1	0	-1	-2	-3

(2) 상생론을 적용하되 상극론적인 요소를 살핀다.

① 토(土, 甘味)는 금(金, 辛味)을 생(生)하므로, 감의 성질과 신의 성질을 가진 식품을 선택하여 식단을 짠다(비위를 보하고, 폐를 보하는 식단).

② 화(火, 苦味)가 금(金)를 극(剋)하고, 또 수(水, 鹹味)가 화를 극하므로 짠맛의 식품을 약간 넣어 식단을 짠다.

4) 폐에 좋은 식단

(1) 율무죽

재료(5인분)

율무가루	1컵	꿀	약간
물	7컵	소금	약간

율무	꿀
-1	0

1 율무를 씻어 충분히 3~4시간 동안 물에 불린 뒤 블렌더로 물을 주면서 간다. 그대로 가라앉혀 윗물은 따라 버리고 밑의 앙금은 말려 율무가루를 만든다.

2 1의 율무가루에 분량의 물을 부어가면서 되직하게 개어 놓는다.

3 냄비에 분량의 물을 넣고 끓이다가 2를 조금씩 넣되 멍울이 생기지 않도록 주걱으로 잘 저어주면서 뭉근한 불에서 서서히 익힌다.

4 3이 말개지면 익은 것이므로 그릇에 담아낸다.

(2) 오리탕

재료(5인분)

㉠ 오리	1/2마리(600g)	㉣ 진간장	1/2큰술	㉅ 진간장	1큰술	
물	10컵	꿀	1작은술	참기름	1큰술	
대파	1뿌리	참기름	1작은술	다진 파	1/2큰술	
마늘	2톨	다진 파	1작은술	다진 마늘	1/2큰술	
생강	1톨	다진 마늘	1작은술	다진 생강	1작은술	
㉡ 전복	2개	후춧가루	약간	후춧가루	약간	
㉢ 우둔살	100g	㉤ 국간장	1큰술	㉆ 달걀	1개	
		소금	1큰술	밀가루	약간	
		㉥ 표고버섯	2개	식용유	약간	

오리	우둔살	전복
-1	0	-1

1 뼈가 붙어 있는 오리에 끓는 물 10컵을 부어 대파·생강·마늘을 넣고 삶는다. 도중에 물을 보충한다. 무르게 삶아졌으면 고기는 건져서 결대로 썰어 ㉅으로 양념하고, 국물은 체에 밭쳐 식혀서 기름을 걷어낸다.

2 ㉢의 우둔살을 곱게 다져 ㉣로 양념한 후 대추알 크기의 완자로 빚고 밀가루와 달걀로 옷을 입혀 지져낸다.

3 전복은 먹기 좋은 크기로 썰어 놓는다.

4 표고버섯도 3의 전복 크기로 썰어 놓는다.

5 1의 국물을 냄비에 담아 3의 전복과 4의 표고버섯을 합하여 끓인다. 끓어오르면 1의 고기와 2의 완자를 넣는다. 다시 한소끔 끓으면 ㉤의 국간장과 소금을 넣어 간을 한다.

6 5를 국그릇에 담아낸다.

(3) 부아전

재료(5인분)

㉠ 부아(소의 허파)	200g	㉡ 달걀	2개	㉣ 간장	3큰술
대파	1뿌리	밀가루	약간	식초	2큰술
마늘	1톨	㉢ 식용유	약간	꿀	1큰술
생강	1톨			잣가루	1큰술
소금	약간			물	3큰술
후춧가루	약간				

부아	달걀
0	0

1 부아를 덩어리째 씻어서 물을 붓고 대파·마늘·생강과 합하여 속까지 무르게 익도록 충분히 삶는다.

2 1의 부아를 얇게 저며 썰어 소금과 후춧가루를 뿌려 재운다.

3 2를 밀가루와 달걀로 옷을 입혀 지져낸다.

4 ㉣의 초장을 곁들인다.

(4) 더덕찜

재료(5인분)

㉠ 더덕	10개	㉡ 간장	1큰술	㉢ 간장	3큰술
우둔살	200g	꿀	1/2큰술	식초	2큰술
밀가루	1/4컵	다진 파	1작은술	꿀	1큰술
달걀	2개	다진 마늘	1작은술	잣가루	1큰술
육수	1컵	참기름	1작은술	물	3큰술
식용유	1/4컵	후춧가루	약간		

더덕	우둔살	달걀
-1	0	0

1 더덕은 껍질을 벗기고 반으로 갈라 두들겨서 납작하게 만든다.

2 소고기는 곱게 다져서 ⓛ으로 양념한다.

3 1의 더덕에 2의 소고기를 얹고 다시 1의 더덕으로 맞덮어 통더덕 모양을 만든다.

4 3에 밀가루와 달걀을 씌워 팬에서 지져낸다.

5 냄비에 육수 1컵을 붓고 4의 더덕을 담아 뭉근한 불에서 끓여 조린다.

6 5를 접시에 담아낼 때 ⓒ의 초장을 곁들인다.

(5) 도라지채

재료(5인분)

ⓐ 도라지	300g	ⓛ 간장	1큰술	ⓒ 녹말가루	1큰술
우둔살	200g	꿀	1/2큰술	물	1큰술
표고버섯	5개	다진 마늘	1/2큰술	ⓔ 대파	1뿌리
석이버섯	5개	다진 파	1/2큰술	육수	1컵
		참기름	1큰술	참기름	약간
		후춧가루	약간		

도라지	우둔살	표고	석이
+1	0	0	0

1 도라지는 껍질을 벗겨서 끓는 소금물에 살짝 데쳐내어 어슷어슷 썬다.

2 우둔살은 곱게 다진다. 표고버섯은 반으로 썬다. 합하여 ⓛ으로 양념한다.

3 석이버섯도 반으로 썬다.

4 ⓔ의 대파를 어슷어슷 썰어 놓는다.

5 팬에 참기름을 두르고 2를 넣고 볶다가 1과 3을 넣고 살짝 볶는다. 여기에 ⓔ의 육수 1컵을 붓고 끓인다. 보글보글 끓으면 ⓒ의 물에 갠 녹말을 넣고 골고루 섞는다. 4의 대파를 넣는다.

6 5를 접시에 담아낸다.

(6) 인삼차

재료(5인분)

| ㉠ 인삼 | 100g | ㉡ 꿀 | 약간 |
| 물 | 7컵 | 잣 | 약간 |

인삼
+1

1 인삼은 껍질을 벗겨 깨끗이 씻은 후 머리 부분을 잘라버린다.

2 1의 인삼을 얇게 저며 썰어 주전자에 넣고 분량의 물을 넣고 서서히 달인다.

3 맛이 우러나면 찻잔에 담아 잣을 3~4알 띄운다.

5. 신장에 좋은 식단과 실제

1) 신장에 좋은 식품

- 곡류   흑두(검은 야생콩) · 흑임자 · 팥 · 좁쌀
- 수류   소의 콩팥 · 개의 음경 · 돼지콩팥
- 조류   흰 수탉
- 어류   메기 · 조개 · 가막조개 · 우렁이
- 채소류   아욱 · 죽순 · 고사리 · 단호박 · 미역 · 다시마
- 과일류   잣 · 산수유 · 복분자 · 밤 · 감자 · 포도 · 수박 · 참외
- 기타   오미자 · 꿀 · 육계 · 작설차

2) 오장에 좋은 식품

- **곡류**   흑임자 · 대두 · 밀가루국수 · 보리 · 녹두 · 완두 · 잠두
- **수류**   소의 양 · 소고기
- **조류**   흰 수탉 · 누런 암탉 · 오리
- **어류**   붕어 · 뱀장어 · 농어 · 대합 · 강요주 · 홍합
- **채소류**   콩나물 · 아욱 · 순무 · 무 · 상치 · 냉이 · 파 · 나무버섯(목이 · 송이)
- **과일류**   건대추 · 용안 · 잣
- **기타**   엿 · 꿀

3) 식단짜기 주의사항

(1) 어느 정도 건강을 유지하는 한 약한 부위는 보완하되 항상 평(平)하게 식단을 짠다.

대열	대온 · 열	온	평	냉 · 량	한	대한
+3	+2	+1	0	-1	-2	-3

(2) 상생론을 적용하되 상극론적인 요소를 살핀다.

① 금(金, 辛味)은 수(水, 鹹味)을 생(生)하므로, 신(辛)의 성질과 함(鹹)의 성질을 가진 식품을 선택하여 식단을 짠다(허파를 보하고, 신장을 보하는 식단).

② 토(土, 甘味)가 수(水)를 극(剋)하고, 또 목(木, 酸味)은 토를 극하므로 신맛의 식품을 약간 넣어 식단을 짠다.

③ 신미(辛味) · 함미(鹹味) · 산미(酸味)의 맛을 부드럽게 하기 위하여 감미(甘味)를 양념으로 넣는다.

4) 신장에 좋은 식단

(1) 잡곡밥

재료(5인분)

좁쌀	1컵	흑미	2컵
야생 검은콩	1컵	물	5컵

차조	청태	흑미
−1	+1	0

1 차조는 밥짓기 30분 전에 씻어서 불린 후 소쿠리에 건져 물기를 뺀다.

2 콩은 물에 충분히 불려 소쿠리에 건져 물기를 뺀다.

3 흑미는 밥짓기 바로 전에 씻어서 소쿠리에 건져 물기를 뺀다.

4 냄비에 1 · 2 · 3을 합하여 담고 분량의 물을 부어 끓인다.

5 한번 끓어오르면 중불로 줄인다. 쌀알이 퍼지면 불을 약하게 하여 충분히 뜸을 들인다.

(2) 다시마곰국

재료(5인분)

㉠ 다시마	60cm	㉡ 후춧가루	약간	㉢ 우둔살	100g
표고버섯	5장	대파밑동	1뿌리	달걀	2개
석이버섯	5장	다진 마늘	1큰술	식용유	약간
느타리버섯	50g	국간장	1큰술		
물	10컵	소금	1큰술		

다시마	표고버섯	석이버섯	느타리버섯	우둔살	달걀
−2	0	0	0	0	0

1 다시마는 물에 불려 가로×세로 2cm 크기로 썬다.

2 소고기도 다시마 크기로 썬다.

3 표고버섯·석이버섯도 다시마 크기로 썬다.

4 느타리버섯은 끓는 물에 살짝 데쳐내어 다시마 크기로 썬다.

5 달걀은 흰자와 노른자로 나누어 지단을 만들어 다시마 크기로 썬다.

6 대파밑동은 어슷어슷 썬다.

7 커다란 냄비에 분량의 물을 붓고 1~5까지를 합하여 끓인다. 소쿠라지게 끓어오르면 6의 대파와 다진 마늘·국간장·소금을 넣고 한소끔 더 끓인다.

8 국그릇에 7을 담고 후춧가루를 뿌려낸다.

(3) 도토리묵찜

재료(5인분)

㉠ 도토리묵	2모	㉡ 간장	1 1/2큰술	㉢ 흰 수탉살코기	300g
우둔살	300g	꿀	3/4큰술	달걀	4개
달걀	2개	참기름	1/2큰술	식용유	1큰술
녹말가루	1/4컵	후춧가루	약간		
식용유	4큰술	다진 파	1/2큰술		
육수	2컵	다진 마늘	1/2큰술		
㉣ 간장	1 1/2큰술	㉤ 간장	3큰술		
꿀	3/4큰술	식초	2큰술		
참기름	1/2큰술	꿀	1큰술		
후춧가루	약간	잣가루	1큰술		
다진 파	1/2큰술	물	3큰술		
다진 마늘	1/2큰술				
다진 생강	1작은술				

도토리묵	우둔살	달걀	흰 수탉살코기
0	0	0	0

1 묵은 가로×세로×두께가 5×7×1cm가 되게 썰어 앞·뒤를 기름으로 지져낸다.

2 우둔살을 곱게 다져서 ㉡으로 양념한다.

3 1의 한면에 녹말가루를 묻히고 2의 소고기를 1cm 두께로 바른다. 여기에 다시 녹말가루를 묻힌 다음 달걀로 옷을 입혀 기름에 지진다.

4 ㉢의 껍질이 붙어 있는 흰 수탉살을 곱게 다져서 ㉣로 양념한다.

5 ㉢의 달걀을 깨뜨려 흰자와 노른자가 충분히 섞이게끔 잘 풀어놓는다.

6 팬에 기름을 두르고 5의 달걀을 한 켜 깐 다음 그 위에 4의 닭고기를 1cm 두께로 한 켜 깐다. 다시 그 위에 잘 저은 달걀을 한 켜 덮는다. 이것을 은근한 불에서 완전히 익히고는 차게 식힌다. 가로×세로가 5×7cm가 되도록 네모나게 썬다.

7 3과 6을 냄비에 담고 분량의 육수를 붓고 끓여서 조린다.

8 7을 접시에 담고 ㉤의 초장을 곁들인다.

(4) 소콩팥구이

재료(5인분)

㉠ 소콩팥	300g	㉡ 진간장	2 1/2큰술	다진 생강	1작은술
우둔살	200g	꿀	1큰술, 1작은술	참기름	1큰술
		다진 파	1큰술	후춧가루	약간
		다진 마늘	1큰술		

콩팥	우둔살
0	0

1 소콩팥은 반으로 잘라 기름과 힘줄을 떼어내고 얇은 막을 벗겨서 먹기 좋은 크기로 얇게 저며 잔 칼집을 넣는다.

2 우둔살은 1의 크기로 썰어 잔 칼집을 넣는다.

3 1과 2를 합하여 ㉡으로 양념한다.

4 팬을 달구고 3을 고루 익혀 접시에 담아낸다.

(5) 죽순잡채

재료(5인분)

㉠ 우둔살	200g	㉡ 진간장	1큰술	㉢ 진간장	2작은술	㉣ 생죽순	2개		
표고버섯	3개	꿀	1/2큰술	꿀	1작은술	쌀뜨물	약간		
목이버섯	10g	다진 마늘	2작은술	다진 마늘	1작은술	마른 고추	2개		
느타리버섯	50g	다진 파	2작은술	다진 파	1작은술	㉤ 식용유	약간		
당근	100g	참기름	1큰술	참기름	1작은술	소금	약간		
양파	100g	후춧가루	약간	후춧가루	약간				
미나리	50g								

죽순	우둔살	표고버섯	목이버섯	느타리버섯	당근	양파	미나리
-2	0	0	0	0	+1	+1	-2

1 생죽순을 냄비에 담아 ㉣의 쌀뜨물과 마른 고추를 넣고 1시간 정도 삶아서 식힌다.

2 1의 죽순은 껍질을 벗기고 반으로 잘라 빗살 모양으로 납작납작하게 썰어 기름을 두르고 볶아낸다.

3 우둔살은 곱게 다져 ㉡으로 양념하여 볶는다.

4 목이버섯은 물에 불려서 한 잎씩 떼어낸다. 표고버섯은 채로 썰어 놓는다. 느타리 버섯은 끓는 물에 살짝 데쳐내어 표고버섯 크기로 썬다. 이상을 합하여 ㉢으로 양 념하여 볶는다.

5 양파는 길이대로 채썰어 기름에 볶는다.

6 당근은 4cm 길이로 채썰어 소금에 절였다가 기름에 볶는다.

7 미나리는 잎을 떼고 다듬어서 끓는 소금물에 살짝 데쳐내어 4cm 길이로 썬다.

8 커다란 접시에 2·4·5·6·7을 돌려가며 담고 가운데 3을 담아낸다.

(6) 육계차(계수나무의 두꺼운 껍질)

재료(5인분)

㉠ 육계	40g
물	7컵
㉡ 꿀	약간

육계
+3

1 분량의 육계를 찬물에 재빨리 씻어서 건진다.

2 주전자에 1의 육계와 분량의 물을 합하여 서서히 달인다.

3 충분히 달여졌으면 찻잔에 따르고 꿀을 곁들인다.

참고문헌

김상보, 음양오행사상으로 본 조선왕조의 제사음식, 수학사, 1995

김상보, 조선시대의 음식문화, 가람기획, 2006

김상보, 조선왕조 궁중떡, 수학사, 2006

김상보, 조선왕조 궁중연회식의궤음식의 실제, 수학사, 1995

김상보, 조선왕조 궁중음식, 수학사, 2004

농촌진흥청, 食療纂要, 2004

沈揆昊 옮김, 葛兆光 著, 道敎와 中國文化, 東文選, 1993

司馬談,『大家要旨』

『老子』

『東醫寶鑑』

『攝養枕中方』

『食療纂要』

『神農本草經』

『飮膳正要』

『莊子』

저자소개

김상보

1986년 한양대학교 이학박사 취득
1993~94년 일본 국립민족학박물관 객원교수
현재 대전보건대학교 전통조리과 교수

주요 저서

『조선왕조 궁중의궤 음식문화』문화관광부 우수도서 선정
『음양오행사상으로 본 조선왕조의 제사음식문화』
『조선왕조 궁중연회식 의궤음식의 실제』
『조선왕조 혼례연향음식문화』
『생활문화 속의 향토음식문화』
『한국의 음식생활문화사』문화관광부 우수도서 선정
『조선후기 궁중연향 음식문화』문화관광부 우수도서 선정
『조선시대의 음식문화』문화관광부 우수도서 선정
『조선왕조 궁중음식』
『조선왕조 궁중떡』
『조선왕조 궁중과자와 음료』
『사상체계로 본 조선왕조의 연향식 · 일상식 · 절식문화』
『상차림문화』
『다시 보는 조선왕조 궁중음식』
『酒宴과 茶宴의 頭食이었던 조선왕조의 麵食文化』
『사도세자를 만나다』
『현대식으로 다시 보는 영접도감의궤』
『현대식으로 다시 보는 수문사설』

역서

『원행을묘정리의궤』『찬품조』『어장과 식해의 연구』

수상

1999년 한국 과학기술단체 총연합회 제9회 과학기술우수논문상

약선으로 본
우리 전통음식의 영양과 조리

2012년 12월 15일 초판 인쇄
2012년 12월 20일 초판 발행

지은이   김상보
발행인   이영호
발행처   **수 학 사**
         137-876 서울특별시 서초구 서초3동 1586-4
출판등록 1953년 7월 23일   No.16-10
전화번호 02) 584-4642(代)   팩스 02) 521-1458
         www.soohaksa.co.kr
디자인   박진희
© 김상보 외 2012   Printed in Korea
값 24,000원
ISBN 978-89-7140-526-0   93590